湖南省示范性(骨干)高等职业院校建设项目规划教材
湖南水利水电职业技术学院课程改革系列教材

水利工程造价软件应用

主　编　蒋买勇　袁明提
副主编　唐　姗　易建芝　王雪梅
　　　　李恳亮　黄　芳　张学伟
主　审　曾更才　李泽源

黄河水利出版社
·郑州·

内 容 提 要

本书是湖南省示范性（骨干）高等职业院校建设项目规划教材、湖南水利水电职业技术学院课程改革系列教材之一，根据高职高专教育水利工程造价课程标准及理实一体化教学要求编写完成。它是配套水利工程造价的软件操作教程。

本书采用的是长沙易投软件科技有限公司的水利水电工程造价软件，主要介绍了使用水利水电工程造价软件编制概预算、招标标底与投标报价的操作方法和步骤。

本书可作为高等职业技术学院、高等专科学校等水利工程造价、水利工程施工、水利工程、水利水电建筑工程、水利工程监理等专业的教材，也可供水利类专业教师和水利水电行业从事造价咨询、设计、施工、监理等工作的工程技术人员参考。

图书在版编目（CIP）数据

水利工程造价软件应用/蒋买勇，袁明提主编. —郑州：黄河水利出版社，2017.6

湖南省示范性（骨干）高等职业院校建设项目规划教材

ISBN 978-7-5509-1674-6

Ⅰ.①水…　Ⅱ.①蒋…　②袁…　Ⅲ.①水利工程－工程造价－应用软件－高等职业教育－教材　Ⅳ.①TV51-39

中国版本图书馆 CIP 数据核字（2016）第 317977 号

组稿编辑：简群　电话：0371-66026749　E-mail：w_jq001@163.com

出 版 社：黄河水利出版社　　网址：www.yrcp.com

地址：河南省郑州市顺河路黄委会综合楼 14 层　　邮政编码：450003

发行单位：黄河水利出版社

发行部电话：0371-66026940、66020550、66028024、66022620（传真）

E-mail：hhslcbs@126.com

承印单位：河南承创印务有限公司

开本：787 mm×1 092 mm　1/16

印张：7

字数：160 千字　　印数：1—2 100

版次：2017 年 6 月第 1 版　　印次：2017 年 6 月第 1 次印刷

定价：17.00 元

前 言

按照“湖南省示范性(骨干)高等职业院校建设项目”建设要求,水利工程造价专业是该项目的重点建设专业之一,由湖南水利水电职业技术学院负责组织实施。按照专业建设方案和任务书,通过广泛深入行业,与行业、企业专家共同研讨,创新了“两贯穿、三递进、五对接、多学段”“订单式”人才培养模式,完善了“以水利工程项目为载体,以设计→施工→管理工作过程为主线”的课程体系,进行优质核心课程的建设。为了固化示范性(骨干)建设成果,进一步将其应用到教学中,最终实现让学生受益,经学院审核,决定正式出版系列课程改革教材。

易投水利水电工程造价软件具有导出带公式链接的 Excel 等独特技术,处于全国领先地位,客户涉及行业主管部门、设计单位、招标代理、造价咨询、施工单位、监理单位、财政投评、审计单位、高等院校等行业单位。本书共分为四个项目,项目 1 为软件认知与安装,主要讲解了软件的功能特点、安装注册等;项目 2 为概预算文件的编制,主要讲解了概预算文件新建、工程量清单的导入、基础单价编制、清单组价、导出打印报表等;项目 3 为投标报价文件的编制,主要讲解了投标文件编制的流程与规则等;项目 4 为工程审计审核文件的编制,主要讲解了软件用于工程审计的工作的原理和审计流程等。

本书由湖南水利水电职业技术学院组织编写,由蒋买勇、袁明提担任主编,唐姗、易建芝、王雪梅、李恳亮、黄芳、张学伟担任副主编。各章编写人员及编写分工如下:项目 1 由袁明提、张学伟编写,项目 2 由蒋买勇、袁明提、王雪梅编写,项目 3 由易建芝、李恳亮编写,项目 4 由黄芳、王雪梅编写。全书由蒋买勇统稿、唐姗处理图片,由湖南省水利水电勘测设计研究总院曾更才副总工、中国水利水电第八工程局有限公司李泽源副院长担任主审。

本书在编写过程中,参考并引用了有关院校编写的教材和长沙易投软件科技有限公司的有关资料,得到了全国水利水电高职教研会的大力支持和帮助,在此一并表示感谢!

由于编者水平有限,书中难免存在不足之处,敬请批评指正。

编 者

2016 年 11 月

目 录

项目1 造价软件认知与安装

任务1 软件的功能特点

(1)软件界面简洁大方,向导式操作流程,一用即会。

(2)正算和反算两种组价计算模式,模拟 Excel 手工编制习惯。

(3)Excel、Word 清单数据文件一键导入。

(4)定额库齐全,可以嵌套定额进行组价。

(5)建安单价数据可以共享,不同的工程之间单价可以相互套用。

(6)完善的省、市、县材料价格信息文件。

(7)支持批量抽换、批量换算项目数据。

(8)相同清单单价一键套用。

(9)支持多层单价计算模式。

(10)一键设置材料价差进单价分析、独立费、三级清单、自采砂石料计算位置。

(11)灵活的按百分比计算费用功能。

(12)支持材料单价的套定额计算,风水电的单价套定额计算。

(13)强大的概算、招投标、国标清单之间相互编制模式转换。

(14)独立费计算功能强大。工程监理费、勘察费、设计费等自动计算且生成报表。

(15)报表可以批量输出成 Excel、Word、Pdf 格式。

(16)支持带链接导出 Excel 报表。

(17)报表编辑、页脚设置、报表集合功能强大。

(18)审计审核功能强大。

(19)实时在线技术支持。

(20)国内首创网络协同功能,支持多人在线、实时、协同作业完成工程。

任务2 软件的适用范围

造价软件的适用范围包含适用行业和适用单位,统计如表1-1所示。

表1-1 软件的适用范围

适用行业	适用单位
水利水电 农业综合开发 水土保持 地质灾害 土地开发整理	勘察设计单位 建设管理单位 施工单位 监理单位 审计单位 招投标、造价咨询相关中介公司与个人 其他相关管理部门

任务3　软件的安装与注册

3.1　软件的安装

(1)进入长沙易投软件科技有限公司官网 www. csytrj. com 下载软件安装程序,见图1-1。

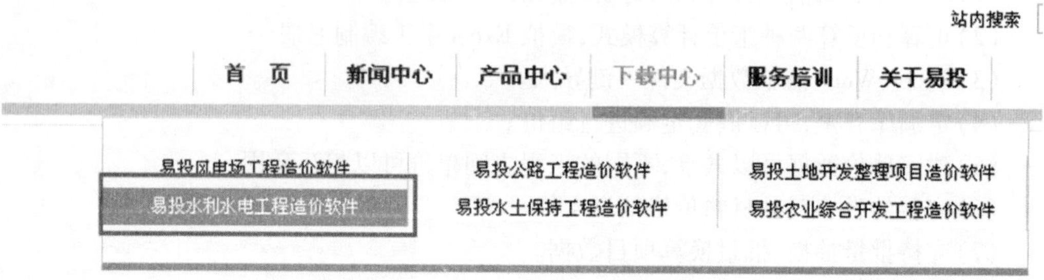

图1-1　下载软件界面

(2)解压下载的压缩文件,然后双击进行安装。

(3)在弹出的窗口点击“下一步”,见图1-2。

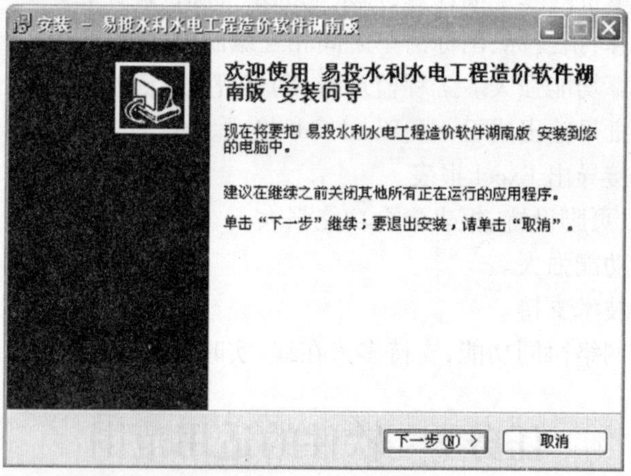

图1-2　软件安装向导

(4)在“选择目标位置”窗口可以更改软件安装路径,软件默认在D盘,确定好安装路径后点击“下一步”,见图1-3。

(5)继续点击“下一步”,直到安装完成,见图1-4。

3.2　软件的注册

(1)双击桌面的快捷图标,在弹出来的窗口点击“体验版”,见图1-5。

(2)点击“免费注册”,见图1-6。

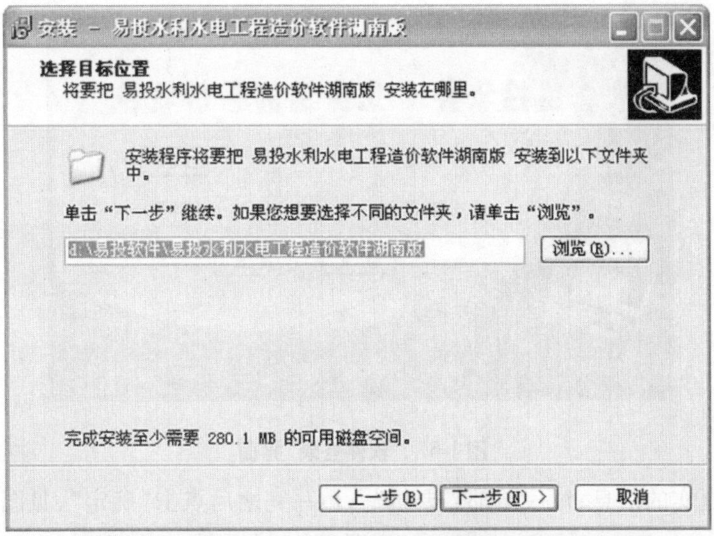

图 1-3　更改软件安装路径

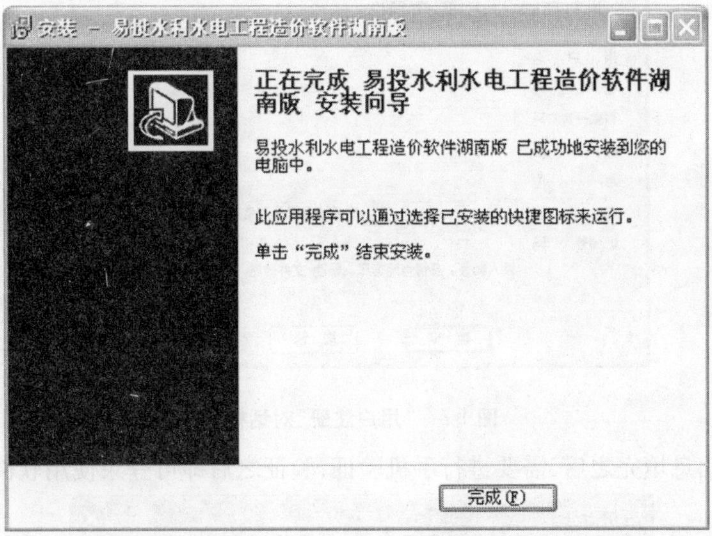

图 1-4　完成软件安装向导

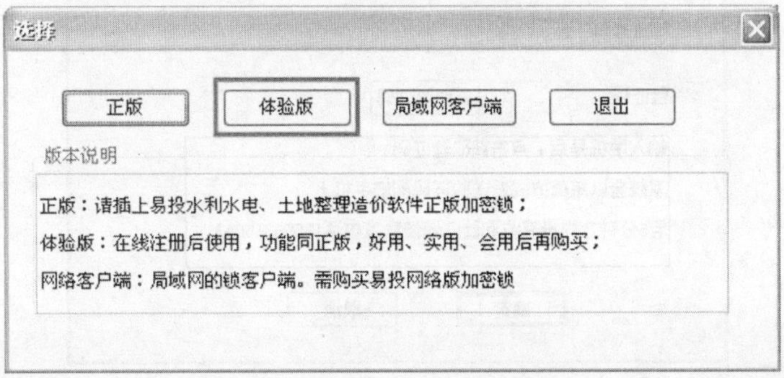

图 1-5　软件注册类型选择界面

图 1-6 “软件登录”界面

(3)填写真实的信息,每一项都需要填写,填写完之后点击“确定”,见图 1-7。

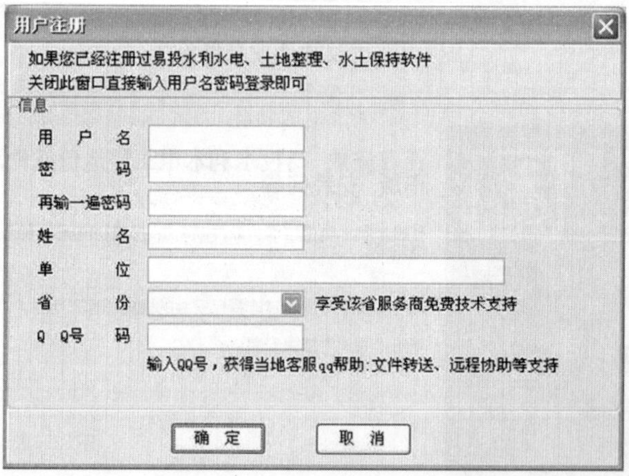

图 1-7 “用户注册”对话框

(4)用户信息填完之后,需要进行手机验证,验证之后即可登录使用软件,见图 1-8。

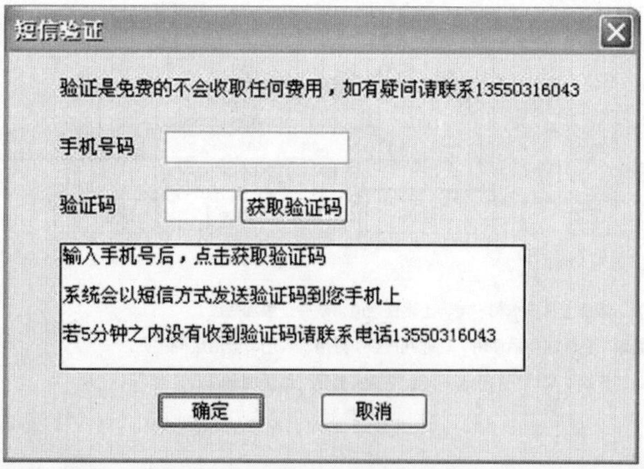

图 1-8 “短信验证”对话框

任务 4　软件的更新升级

软件有 2 种方式可以更新升级。

4.1　在线升级

点击软件菜单栏的“在线服务”—“在线升级”即可在线升级，见图 1-9、图 1-10。

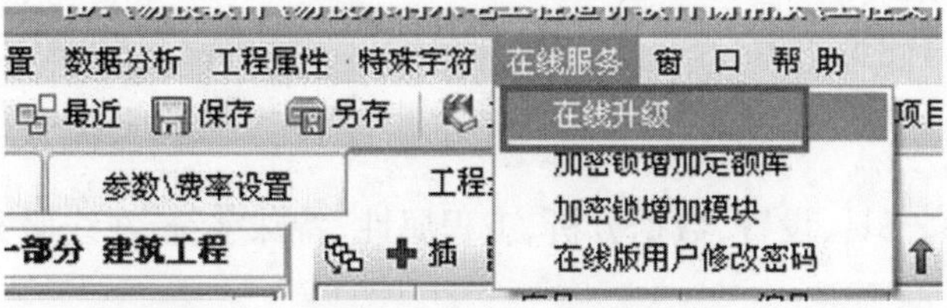

图 1-9　在线服务界面

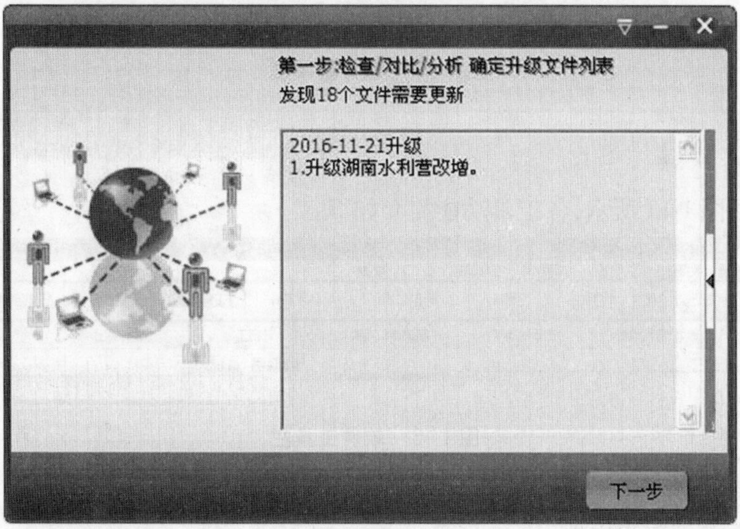

图 1-10　在线升级界面

4.2　重新安装

进入长沙易投软件科技有限公司官网 www. csytrj. com 下载软件安装程序重新安装，见图 1-1。

任务5 软件的界面认知

5.1 标题栏

标题栏显示软件的名称、文件保存路径、工程类型、工程所用定额，见图1-11。

图1-11 软件标题栏

5.2 菜单栏

菜单栏有文件、工具、设置、数据分析、工程属性、特殊字符、在线服务、窗口、帮助等菜单，见图1-12。

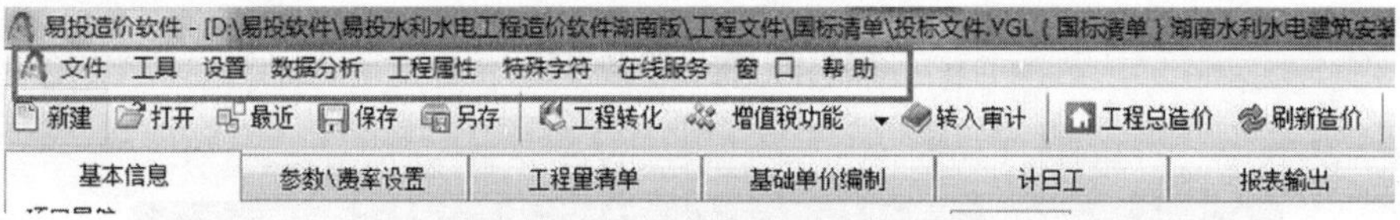

图1-12 软件菜单栏

5.3 工具栏

工具栏如图1-13所示，各工具功能简介如下：

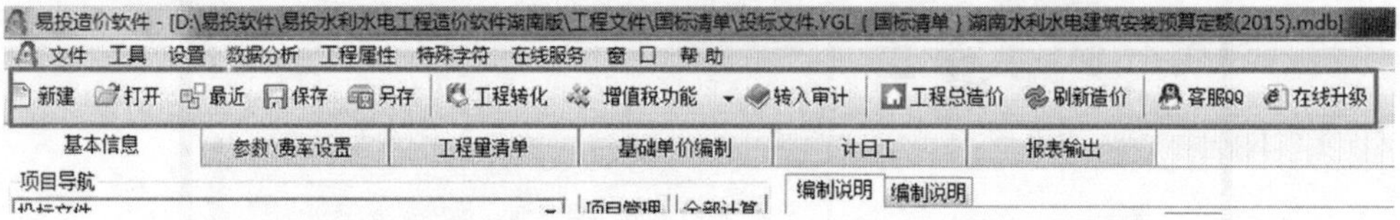

图1-13 软件工具栏

(1)新建：新建工程文件；

(2)打开：打开工程文件；

(3)最近：显示最近打开过的工程文件，可直接从最近文件列表打开文件；

(4)保存：保存工程文件；

(5)另存为：把当前工程另存；

(6)工程转化：可转化工程类型、主定额，以及打开老版本的工程文件；

(7)增值税功能：营业税和增值税工程转换、营业税工程和增值税工程对比分析；

(8)转入审计：把当前工程转入审计模式；

(9)工程总造价：显示当前工程的总造价以及分年度投资表、资金流量表；

(10)刷新造价：刷新当前工程总造价；

(11)客服 QQ:显示湖南各地市州客服 QQ,点击对应区域客服 QQ 可在线咨询;

(12)在线升级:软件有新版本时点击即可进行在线升级。

5.4　模块

软件模块如图 1-14 所示,各模块功能简介如下:

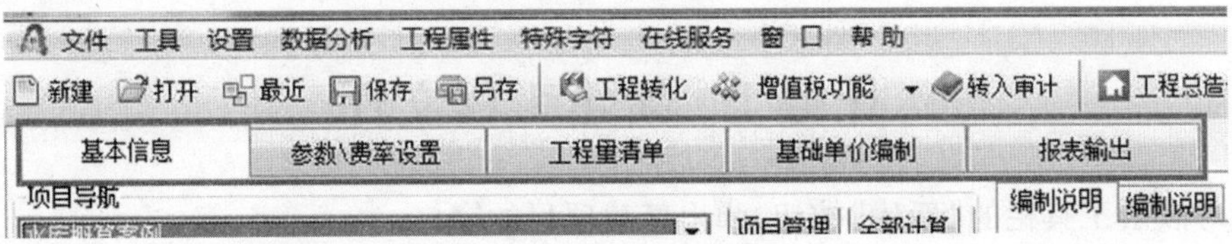

图 1-14　软件模块栏

(1)基本信息:主要功能是工程项目、单项工程的建立;

(2)参数\费率设置:主要功能是建安工程的单价计算的取费设置/显示、独立费参数设置、海拔系数设置、工程小数位数设置、单价计算公式设置等;

(3)工程量清单:主要功能是录入或导入清单,给相应清单套用定额(或直接输入单价、中间单间、建安单价)产生单价;

(4)基础单价编制:主要功能是人工、材料、机械、电风水、混凝土单价的设置;

(5)报表输出:主要功能是编辑和输出报表。

项目 2　概预算文件的编制

任务 1　新建工程文件

（1）点击工具栏的“新建”按钮，弹出新建项目的窗口。

（2）依次输入“项目名称”，选择“使用定额”“工程性质”“编制模式”即可完成工程新建，见图 2-1。

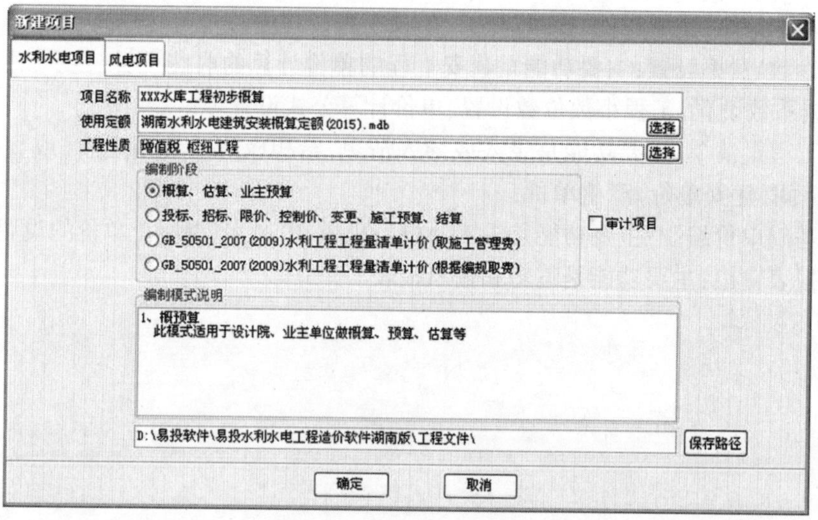

图 2-1　“新建项目”对话框

（3）软件根据类型，划分为四个编制模式：

模式一：概算、估算、业主预算。

（此模式适用于设计院、业主单位编制概算、估算、预算等；此模式输出的报表均为水利部或各省地方编制规定文件指定报表格式。）

模式二：招标、投标、控制价、变更、进度预算、结算等传统模式。

（此模式的报表，按照传统的清单报表组模式，即清单计价规范发布之前的，全国各省使用的清单招投标报表格式；取费计算按照编制规定指定的其他直接费、现场经费、间接费、利润、税金等。）

模式三：国家标准水利工程工程量清单计价规范模式（GB 50501—2007）。

（此模式按水利部 2007 年颁发的水利工程工程量清单计价规范相关规定，报表格式也按照规范文件指定的格式输出，取费计算按清单规范规定的施工管理费、利润、税金等。）

模式四：GB 50501—2007（2009）水利工程工程量清单计价（根据编规取费）。

（此模式适用于做招标、投标、变更、结算等；此模式的报表采用 GB 50501—2007(2009)《水利工程工程量清单》的标准报表；此模式取费取其他直接费、（现场经费）、间接费、利润、税金。）

任务2　基本信息设置

基本信息窗口分为“项目导航”和“编制说明”两个部分，见图2-2。

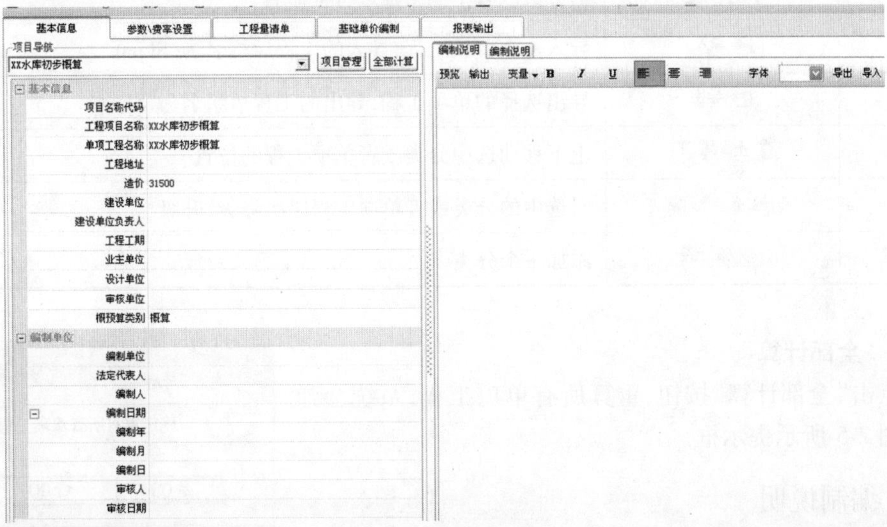

图2-2　基本信息窗口

2.1　项目导航

项目导航主要是多个单项工程的项目管理和项目的信息填写。

2.1.1　项目管理

点击“项目管理”按钮（见图2-3），进入项目管理窗口（见图2-4），可以添加、删除单项工程。

图2-3　“项目管理”按钮

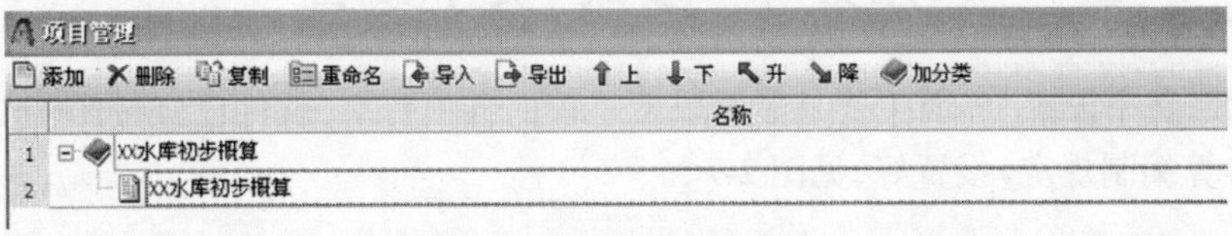

图2-4　“项目管理”窗口

项目管理窗口中的工具栏各图标功能见表2-1。

表 2-1　项目管理窗口中工具栏各图标功能

序号	名称	功能
1	添加	添加一个单项工程
2	删除	删除分类或单项工程
3	复制	复制一个单项工程
4	重命名	对分类或者单项工程进行重命名
5	导入	导入一个单项工程，导入的工程后缀名为. SLpro
6	导出	导出选择的单项工程，导出的工程后缀名为. SLpro
7	上 下	上下移动选中分类或者单项工程的位置
8	升 降	对选中的分类或者单项工程层次降级、升级
9	加分类	添加一个分类

2.1.2　全部计算

点击“全部计算”按钮，重算所有单项工程，系统会弹出如图 2-5 所示提示框。

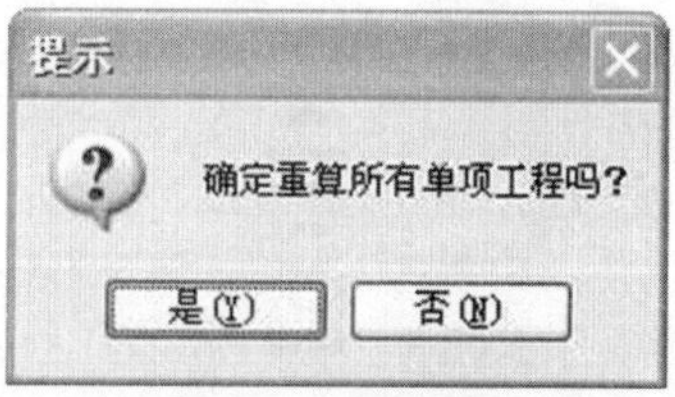

图 2-5　全部计算提示框

2.2　编制说明

编制说明有两个窗口，第一个编制说明窗口只能通过界面的“输出”按钮导出. doc 格式的 word 文档；第二个编制说明窗口里的内容可以通过“报表输出”里的报表来导出，见图 2-6。

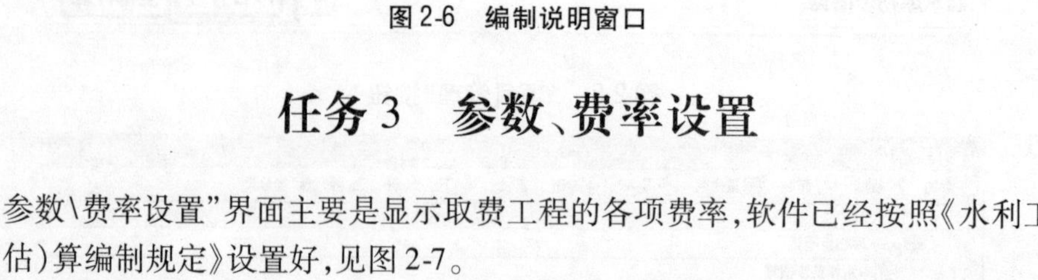

图 2-6　编制说明窗口

任务 3　参数、费率设置

“参数\费率设置”界面主要是显示取费工程的各项费率，软件已经按照《水利工程设计概(估)算编制规定》设置好，见图 2-7。

3.1　费率设置

费率设置通过工具栏按钮实现。

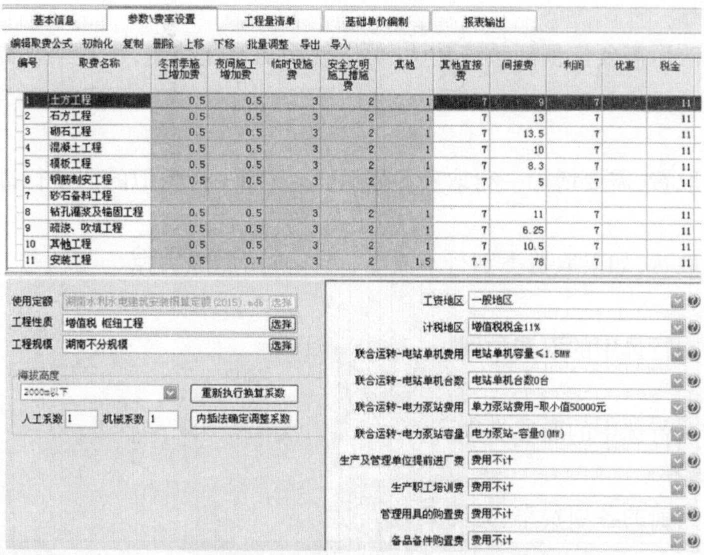

图 2-7　“参数\费率设置”界面

(1)编辑取费公式。

可以对单价组成公式进行修改,此处的公式也是单价分析表中的名称、层次显示,如果一些项目不想在单价分析计算表中显示,可以进行打印设置,名称显示不符,可以在此进行修改。比如要把单价分析表里机械使用费改为机械费,点击“编辑取费公式”按钮,进入编辑的界面,把机械使用费改为机械费,再点击菜单栏的“同步到其他取费类别”,见图 2-8。

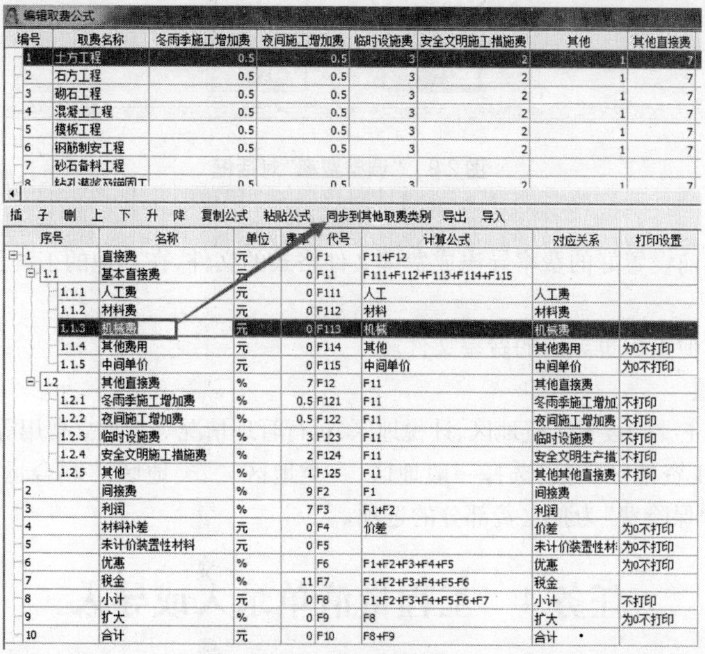

图 2-8　编辑取费公式

(2)初始化。

费率若修改后需要恢复到系统默认,可以使用初始化功能,将各项取费恢复到软件默认的费率。

(3)复制。

复制一行取费,需要增加一行取费类别,可以复制一行类似的取费行进行修改。

(4)删除。

删除一行取费,如果取费类别行不需要,可以点击删除去掉。

(5)上移。

往上移动一行选中的取费类别。

(6)下移。

往下移动一行选中的取费类别。

(7)批量调整。

批量乘以当前的各项费率,见图 2-9。

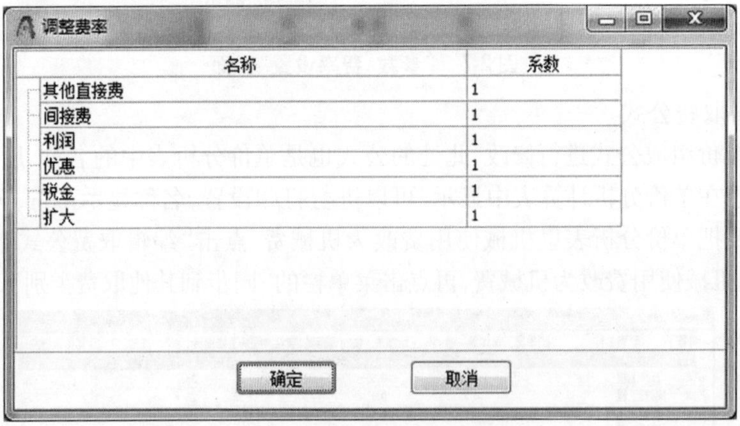

图 2-9 “调整费率”对话框

(8)导出。

可以把当前设置好的费率导出成费率文件格式的文件,在其他的工程里使用。

(9)导入。

导入从其他工程里导出的费率文件。

3.2 参数设置

参数设置主要为设置工资地区、计税地区、运行管理情况等与独立费用等有关的选项。

右下的“工资地区”可以选择一般地区、一类地区、二类地区;“联合运转－电站单机费用”—“工程保险费”为独立费部分的选项。

任务 4 工程量清单录入或导入

工程量清单窗口主要完成工作:根据分组定位里面的内容分别把相应的清单(包括清单的序号、编码、名称、单位、工程量等)录入→定额选定(包括定额换算和调整等)。

4.1　第一部分建筑工程

4.1.1　清单的导入

第一种方法：

(1)从 Word 或者 Excel 里复制好需要的清单。

(2)点击工具栏上的“导入”按钮(见图 2-10)，出现导入窗口。

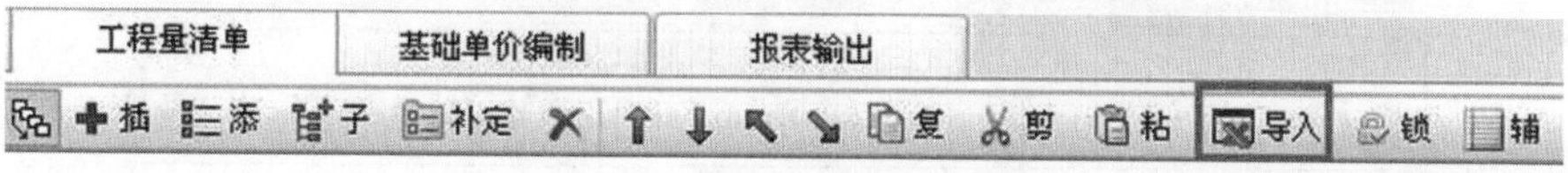

图 2-10　工程量清单导入窗口

(3)在窗口空白处右击，单击“粘贴”，见图 2-11。

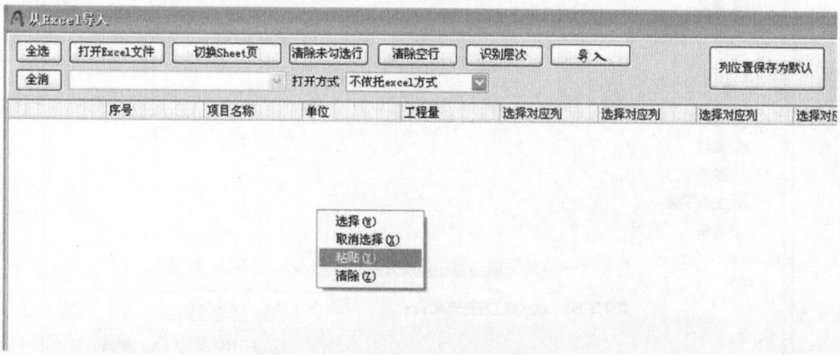

图 2-11　工程量清单粘贴窗口

(4)粘贴之后，默认的第一列名称为“序号”，第二列默认列名称为“项目名称”，第三列默认列名称为“单位”，第四列默认列名称为“工程量”，如果列的内容和列名称不对应，可点击列名称重新选择，见图 2-12。

图 2-12　工程量清单列名称选择

第二种方法：

(1)点击工具栏上的“导入”按钮(见图2-10)，出现导入窗口。

(2)点击“打开 Excel 文件”，找到清单文件点击打开，见图2-13。默认是显示 Excel 的第一页内容，如果要导入其他工作表的内容，点击“切换 Sheet 页”，选择要导入的 Sheet 页进行导入，见图2-14。

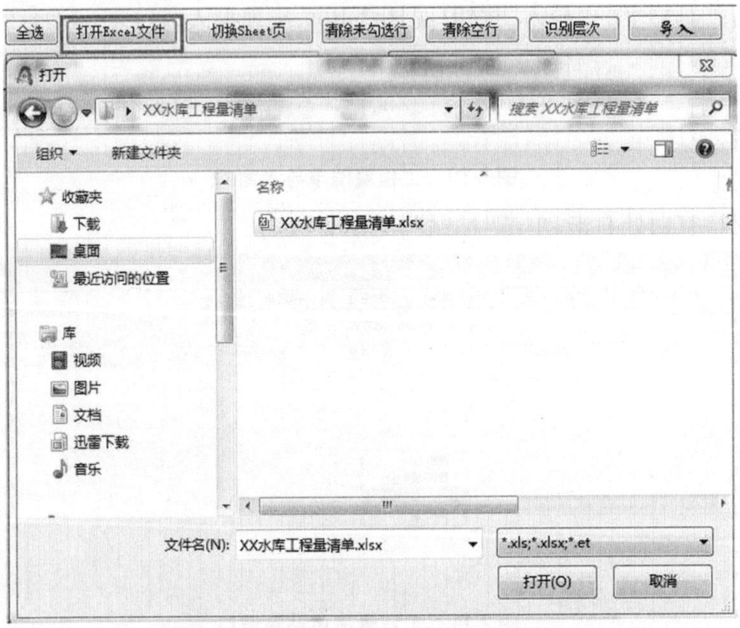

图2-13 打开 Excel 文件

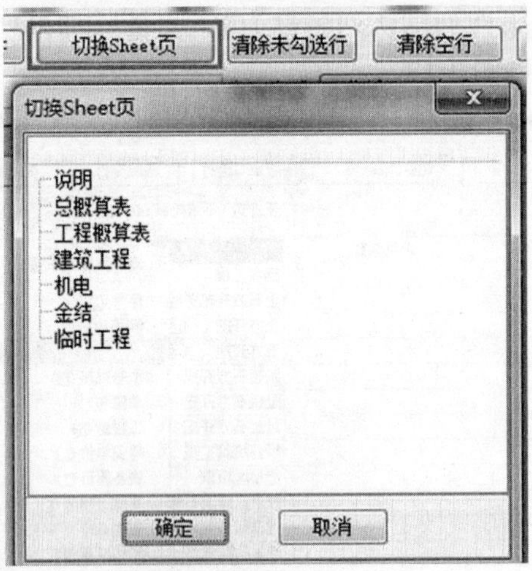

图2-14 切换 Sheet 页

(3)导入之后如果有不需要的清单的行，就把前面勾选的“√”去掉，再点击“清除未勾选行”，如果有空行，点击“清除空行”可清除所有的空行，见图2-15。

(4)后续操作步骤同第一种方法，不再赘述。

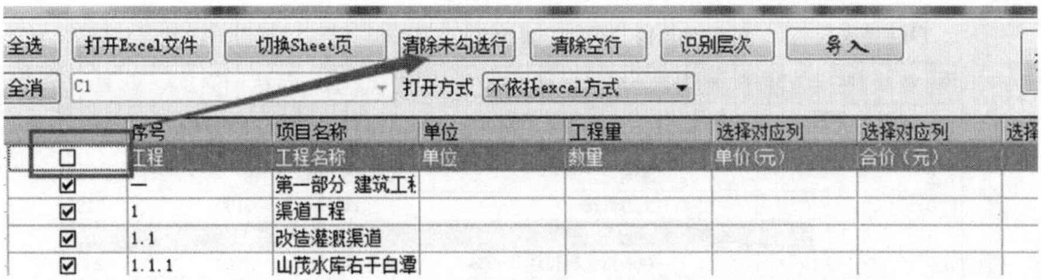

图 2-15　清除未勾选行或空行

4.1.2　清单的录入

当工程量清单没有 Excel 或者 Word 版本时，就需要在软件中手动录入。

操作：在分部工程主窗口中，选中当前行位置（鼠标所在行为当前行），通过点击快捷工具栏中的“插”、“添”、“子”等快捷按钮，增加相应的分部分项空行，依次在空行中录入序号、名称、单位、量计算式（工程量）、备注等相关项目数据。

（1）点击“子”按钮，如图 2-16 所示。选择“第一部分 建筑工程”行，点击“子”按钮，即在当前行位置添加一子级行空行，输入名称“涵闸”等相关数据。

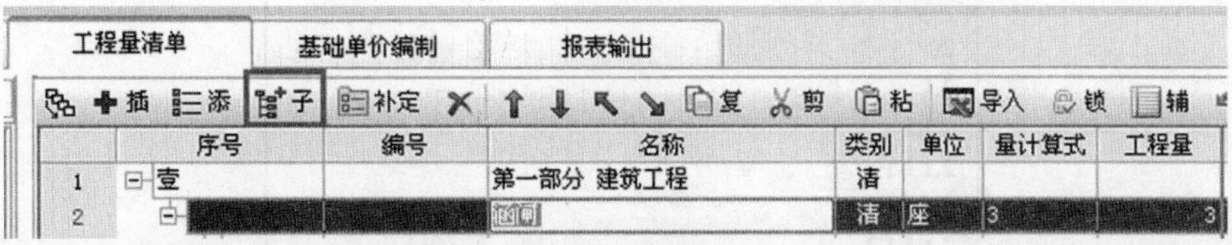

图 2-16　点击“子”按钮添加空行

（2）点击“添”按钮，可以在当前行位置下方，添加同一级别的下一个空行，如图 2-17 所示。选择“土方开挖”行，点击“添”按钮，则在当前行下边添加一行同级清单项，输入名称“74 kW 推土机推运Ⅱ－20 m”等其他相关数据。

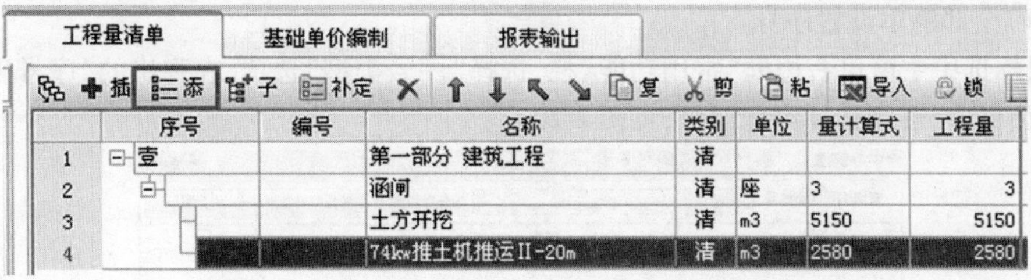

编者注：图中“m3”应为“m^3”，“kw”应为“kW”，全书同，本书未作修改。

图 2-17　点击“添”按钮添加空行

（3）点击“插”按钮，可以当前行上方位置，插入同一级别的上一个空行，如图 2-18 所示。当前行为“74 kW 推土机推运Ⅱ－20 m”行，点击“插”按钮，即在上边添加一行同级空行，输入名称“土方回填”等其他的相关数据。

4.1.3　设置序号类型

水利工程概算文件的项目层次纷繁复杂，有的分部有二到三级层次划分，有的分部由于项目分类复杂，可能使用到五级或六级层次划分，甚至更多，选择什么样的序号类型比较合理非常重要。系统总结了全国各地的用户习惯，设置了多种组合的序号类型，由用户

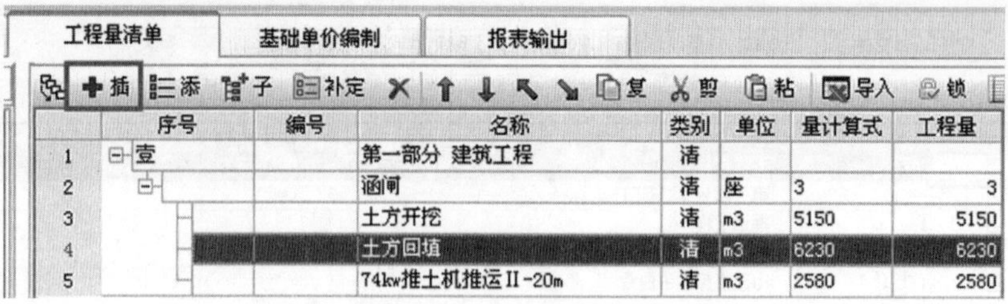

图 2-18 点击“插”按钮添加空行

自行设定。

常用的两种类型如图 2-19 所示。

1	壹
1.1	一
1.1.1	(一)
1.1.1.1	<一>
1.1.1.1.1	1
1.2	(1)
……	(2)
2	……
2.1	贰
2.1.1	一
2.1.1.1	(一)
2.1.1.1.1	<一>
2.1.1.1.2	1
……	(1)
	(2)
	……

图 2-19 常用的两种序号类型

若层次比较多，可以考虑将这两种类型相结合，编制更合理的序号类型。

(1)全部清单设置序号。

鼠标选中主窗口右边框“常用功能”栏，选择“序号类型”选项，在弹出的“序号生成设置”对话框中，逐级选择类型即可，见图 2-20。

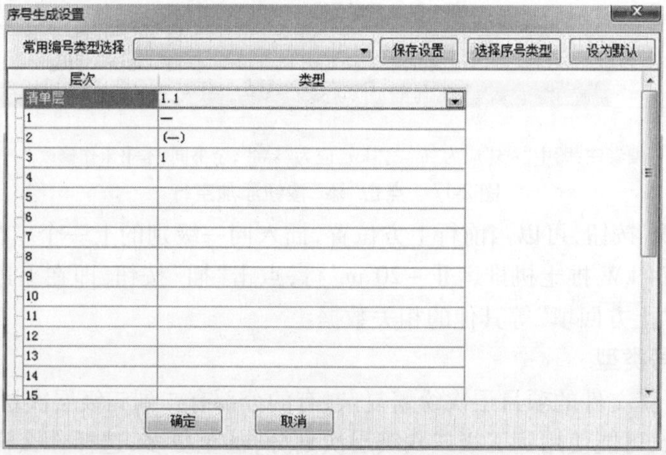

图 2-20 序号生成设置

序号类型设置完成之后，可以点击保存[保存设置]按钮，将设置好的序号类型保存，生成“ *. 序号”文件，使用到其他工程需要用到这个序号类型文件，直接点击[选择序号类型]按钮，即可打开使用。

(2)部分清单编序号。

第一行清单设置好序号，选中要编序号的清单，右击—“常用功能”—“选中清单编序号”，见图 2-21 ~ 图 2-23。

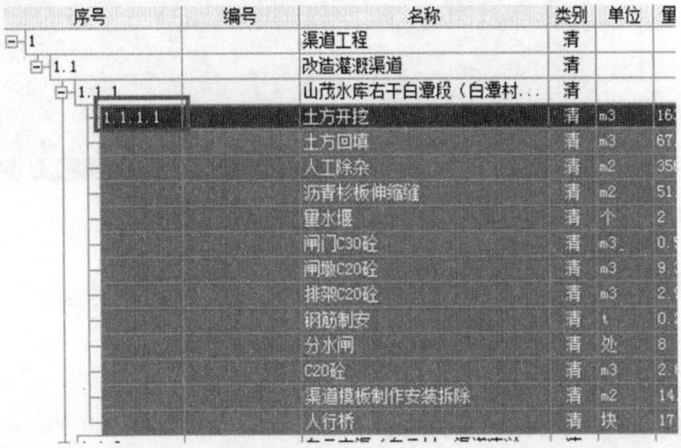

编者注：图中“m2”应为“m^2”，“砼”应为“混凝土”，全书同，本书未作修改。

图 2-21　选中要编序号的清单

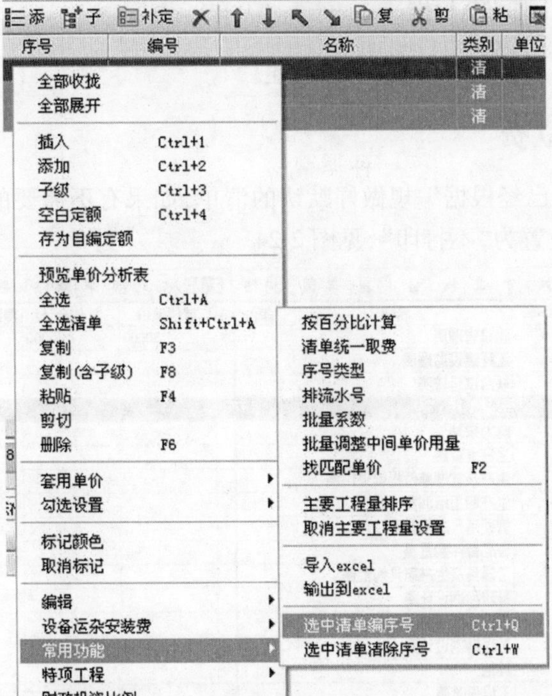

图 2-22　选中清单编序号

序号	编号	名称	类别	单位
1		渠道工程	清	
1.1		改造灌溉渠道	清	
1.1.1		山茂水库右干白潭段（白潭村…	清	
1.1.1.1		土方开挖	清	m3
1.1.1.2		土方回填	清	m3
1.1.1.3		人工除杂	清	m2
1.1.1.4		沥青杉板伸缩缝	清	m2
1.1.1.5		量水堰	清	个
1.1.1.6		闸门C30砼	清	m3
1.1.1.7		闸墩C20砼	清	m3
1.1.1.8		排架C20砼	清	m3
1.1.1.9		钢筋制安	清	t
1.1.1.10		分水闸	清	处
1.1.1.11		C20砼	清	m3
1.1.1.12		渠道模板制作安装拆除	清	m2
1.1.1.13		人行桥	清	块

图 2-23　生成选中清单序号

4.2　第二部分机电设备及安装工程

操作方法同第一部分建筑工程,不再赘述。

4.3　第三部分金属结构设备及安装

操作方法同第一部分建筑工程,不再赘述。

4.4　第四部分施工临时工程

操作方法同第一部分建筑工程,不再赘述。

4.5　第五部分独立费

独立费部分软件已经根据编规做好默认的清单,如果有不需要的清单,可以删除,或者在“独立费打印”设置为“不打印”,见图 2-24。

插　添　子　复　剪　粘　导入　锁　辅

序号	代号	名称	单位		其他单价	其他合计	费率项目	独立费打印
一	F1	建设管理费		0%	30000	30000	☑	
二	F2	工程建设监理费					☑	
三	F3	联合试运转费					☑	
3.1	F31	电站工程					☑	不打印 不打印要算
3.2	F32	电力泵站					☑	
四	F4	生产准备费					☑	
4.1	F41	生产及管理单位提前进厂费					☑	
4.2	F42	生产职工培训费					☑	
4.3	F43	管理用具的购置费					☑	
4.4	F44	备品备件购置费					☑	
4.5	F45	工器具及生产家具购置费					☑	
五	F5	科研勘测设计费					☑	
5.1	F51	工程科学研究试验费					☑	
5.2	F52	工程勘测设计费					☑	
六	F6	其他					☑	
6.1	F61	工程保险费		5%			☑	
6.2	F62	其他税费					☑	

图 2-24　独立费打印设置

任务 5　组建建筑工程单价

5.1　套用定额

5.1.1　套用定额方法

套用定额有三种方法：

（1）点击要套用定额的清单，再点击左侧的“定额”，找要套用的定额，点击“定额”，下面可以看到定额的组成人材机、工作内容、适用范围、附注，见图 2-25。找到需要的定额双击即可套用到清单。

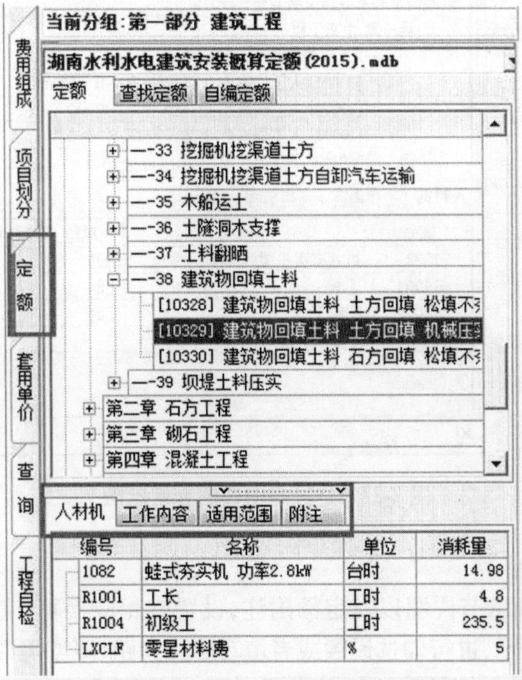

图 2-25　定额库套用法套用定额

（2）如果对定额很熟悉，不需要再一个个去定额库找定额，可以直接在清单行的编号格输入要套用的定额编号，然后回车即可套用定额，见图 2-26。

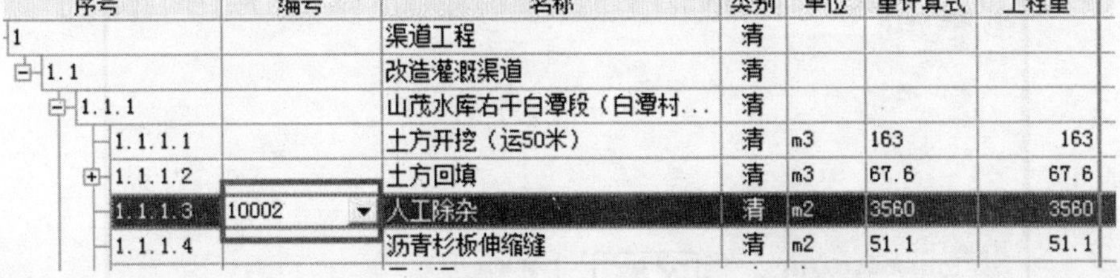

序号	编号	名称	类别	单位	量计算式	工程量
1		渠道工程	清			
1.1		改造灌溉渠道	清			
1.1.1		山茂水库右干白潭段（白潭村...	清			
1.1.1.1		土方开挖（运50米）	清	m3	163	163
1.1.1.2		土方回填	清	m3	67.6	67.6
1.1.1.3	10002	人工除杂	清	m2	3560	3560
1.1.1.4		沥青杉板伸缩缝	清	m2	51.1	51.1

图 2-26　直接输入定额编号法套用定额

(3)点击清单行的“编号”格的倒三角按钮,会弹出定额库的窗口,在窗口找到要套用的定额双击即可,见图2-27。

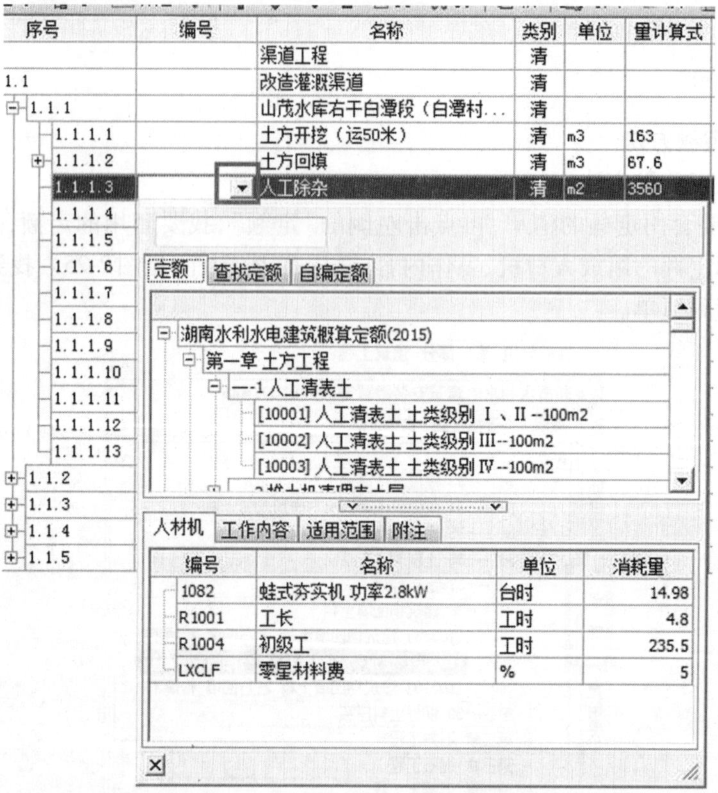

图2-27　定额库窗口法套用定额

5.1.2　标准换算

(1)系统提示换算。

软件已经根据定额章节说明以及定额附注,设置好相应换算,套用定额时只需根据系统自动弹出的对话框提示,进行勾选设置或者填写实际运距、厚度等即可。如图2-28所示。

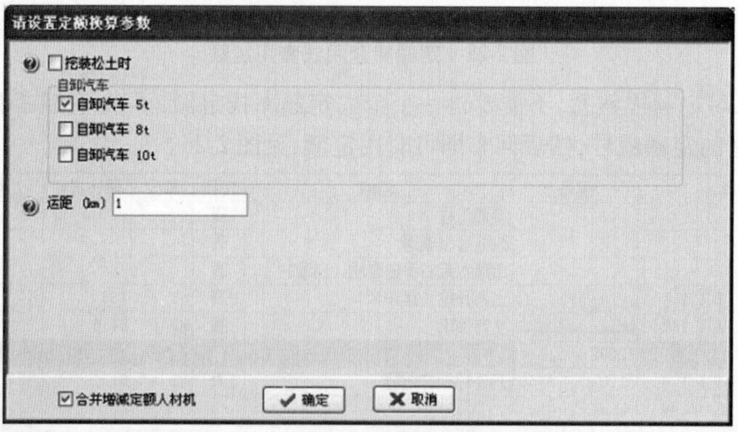

图2-28　系统提示换算

(2)混凝土定额的换算。

混凝土标号换算。

套用混凝土定额子目,系统会自动弹出“选择混凝土及砂浆”对话框(见图 2-29)。这个对话框中显示三个类别混凝土数据窗口:

项目混凝土:本项目已经使用的混凝土标号或砂浆标号。

定额混凝土:系统默认砂浆、混凝土配合比库,各个标号的现浇混凝土或砂浆。

商品混凝土:即商砼。

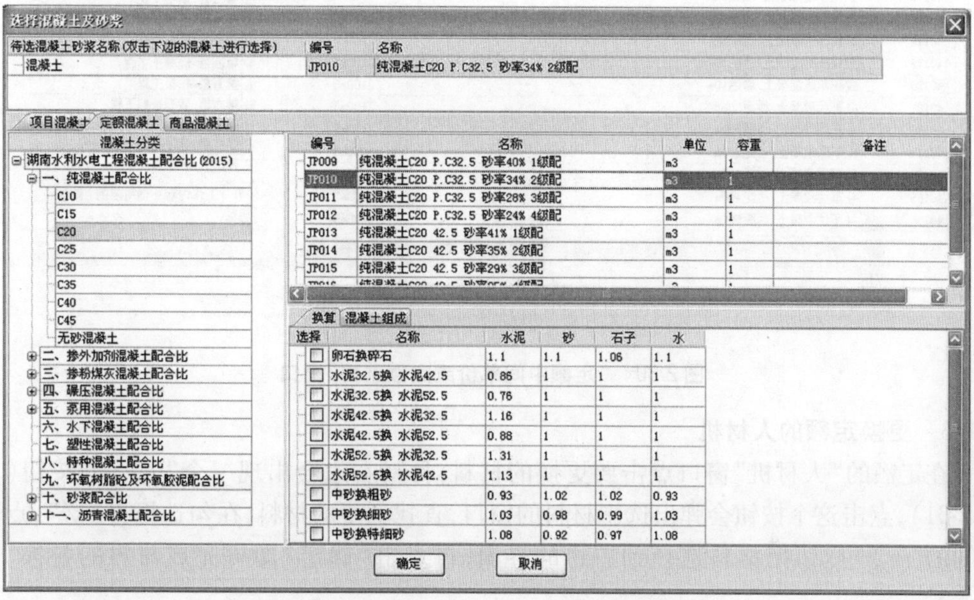

图 2-29　“选择混凝土及砂浆”对话框

这个窗口中,第一,可以选择相应标号的商品混凝土,双击选用;第二,可以选择项目混凝土中相应标号的配合比,双击选用;第三,前两者均不符合要求,需要在定额混凝土选择相应标号的配合比,双击选用。

注:定额混凝土中的配合比构成,默认为“粗砂、卵石”,若所选的配合比,需要更换为其他,则需要在右下角“换算”窗口中,勾选系统提示的相应换算,系数自动计算。

混凝土拌制、运输单价项目的换算。

混凝土标号选择之后,会自动弹出“定额中间单价或定额选择”对话框(见图 2-30),在对话框中选择混凝土的拌制运输定额;如未弹出“定额中间单价或定额选择”窗口,说明混凝土级配未选择成功,或者选用的混凝土为商品混凝土。

“定额中间单价或定额选择”窗口中,软件列取的中间单价有混凝土水平运输、混凝土拌制、混凝土垂直运输,在相应的中间单价下,关联的有相应的定额,逐个“双击”选择混凝土中间单价的定额,选择之后,下次套用混凝土定额的时候,软件自动默认本次所选择的混凝土拌制运输子目,若没有变更需求,则不需要再重新选择。

图 2-30 “定额中间单价或定额选择”窗口

5.1.3 更换定额的人材机

在定额的“人材机”窗口点击要更换的材料，材料右边会出现一个“...”的按钮（见图 2-31），点击这个按钮会弹出选中材料的窗口，查找到要的材料，在勾选框打“√”，点击中间的“=》”按钮把材料选择到右边的界面，再点击“确定”即可完成材料的替换，见图 2-32。

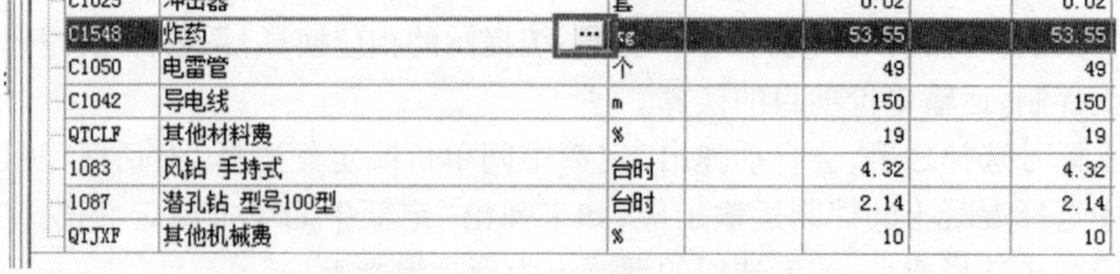

图 2-31 定额的“人材机”窗口

5.1.4 增减定额的人材机

在定额的“人材机”窗口，点击“添加/补充”按钮，如果要添加材料，就点击“添加材料”按钮（见图 2-33），然后选择好要添加的材料即可。

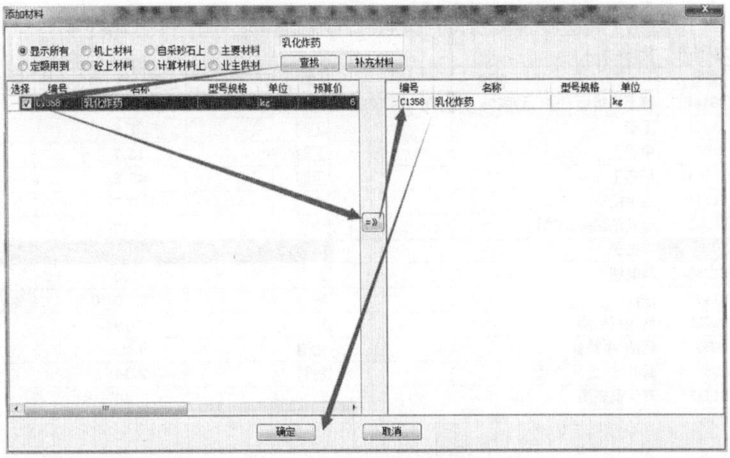

图 2-32　添加材料窗口

自己添加的人材机消耗量都是为 0，需要在“自定消耗”列填数量，见图 2-34。

在需要删除不需要的人材机时，选中要删除的人材机，点击“删除”即可，见图 2-35。

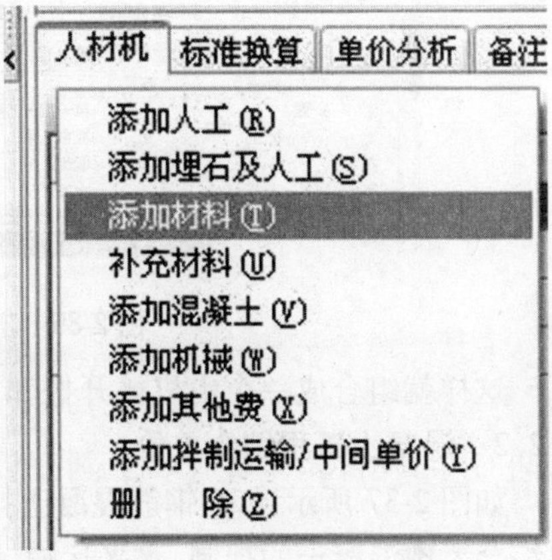

图 2-33　“添加材料”按钮

5.2　组用综合单价

5.2.1　土方工程综合单价

如图 2-36 所示，根据施工工艺，90% 需要机械开挖，10% 需要人工开挖。就是说每 1 m^3 土，机械挖 0.9 m^3，人工挖 0.1 m^3。

那么，这个土方开挖的单价，需要综合机械开挖与人工开挖费用计算单价。我们直接套用机械开挖 10556 和人工开挖 10001，在挖掘机挖土定额 10556 的工程量中输入 0.9，即 1 m^3 土，开挖时机械开挖 0.9 m^3；在人工开挖定额 10001 的工程量中输入 0.1，即 1 m^3 土，开挖时人工开挖 0.1 m^3。

编号	名称	单位	型号	定额消耗	自定消耗	调整结果
20447	推土机推运石渣 运距20m 推土机 功率88kW	100m3		1.02		1.02
R1001	工长	工时		1.5		1.5
R1003	中级工	工时		15.7		15.7
R1004	初级工	工时		45.2		45.2
C1174	合金钻头	个		0.7		0.7
C1349	潜孔钻钻头100型	个		0.18		0.18
C1025	冲击器	套		0.02		0.02
C1548	炸药	kg		53.55		53.55
C1050	电雷管	个		49		49
C1042	导电线	m		150		150
C1435	铁件	kg		0	10	10
QTCLF	其他材料费	%		19		19
1083	风钻 手持式	台时		4.32		4.32

图 2-34　在“自定消耗”列填数量

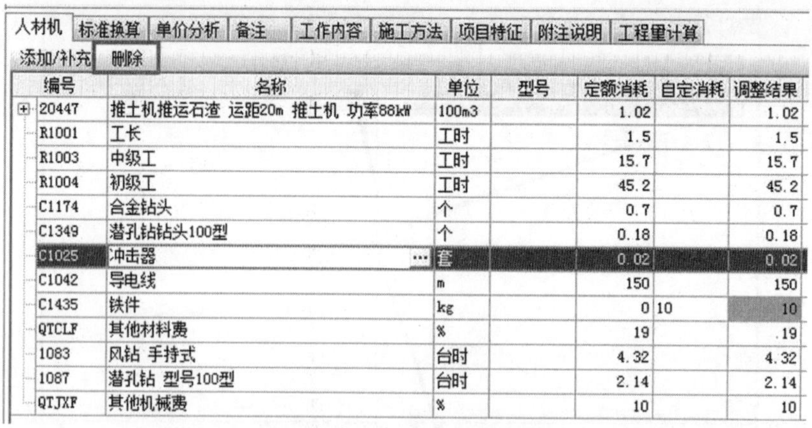

图 2-35　删除人材机消耗

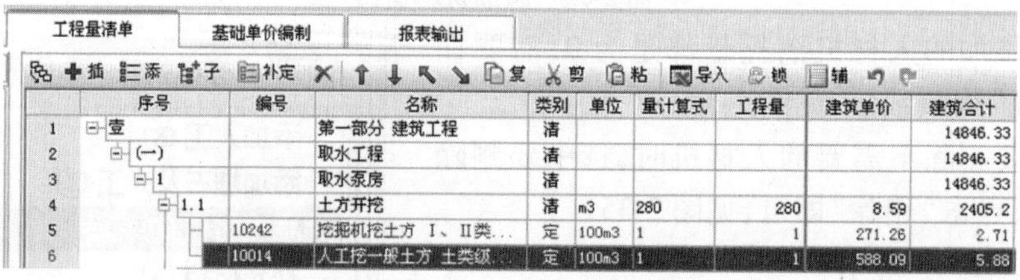

图 2-36　不同施工方法组用综合单价

这样就组合成一个由机械开挖和人工开挖相结合的综合单价了。

5.2.2　混凝土工程综合单价

如图 2-37 所示，C25 钢筋混凝土排架，为现浇混凝土，实际工程中如有现浇混凝土均要综合考虑混凝土的拌制、水平运输、垂直运输等。

图 2-37　中间单价组用综合单价过程

在软件中，套用排架定额 40080 之后，软件会提示选择混凝土标号，双击或点击名称后的“选用”按钮，混凝土标号被选中，点击“确定”以后，系统自动弹出混凝土中间单价的选择框,在换算框中选择相应的拌制、运输子目,然后确定即可。

混凝土定额相应换算选择完成之后,在套用好的混凝土子目的人材机中,即可显示套用的混凝土拌制、运输中间单价,这样,混凝土的拌制、运输费用也就计算到混凝土单价中了。如图 2-38 所示。

	序号	编号	名称	类别	单位	量计算式	工程量	单价	建筑合计
10	1.4		砌体压顶混凝土	清	m3	13.17	13.17	380.83	5015.53
11		40110	砌体压顶混凝土 [40164...	定	100m3	1	1	083.37	380.83

编号	名称	单位	型号	定额消耗	自定消耗	调整结果	单价	合价
40164	搅拌机拌制混凝土 搅拌机出料0.4m3	100m3		1.03		1.03	2751.83	2834.38
40175	胶轮车运混凝土 运距20m	100m3		1.03		1.03	445.09	458.44
R1001	工长	工时		19		19	11.3	214.7
R1002	高级工	工时		28.4		28.4	10.36	294.22
R1003	中级工	工时		128.1		128.1	8.52	1091.41
R1004	初级工	工时		299		299	6.13	1832.87
C1361	水	m3		153		153	3.94	602.82
QTCLF	其他材料费	%		2		2	17805.88	356.12
JP010	纯混凝土C20 P.C32.5 砂率34% 2级配	m3		103		103	167.02	17203.06
2046	振动器 插入式功率1.1kW	台时		47.23		47.23	2.1	99.18
2061	风水(砂)枪 2~6m3/min	台时		17.8		17.8	57.19	1017.98
QTJXF	其他机械费	%		8		8	1117.16	89.37

图 2-38　中间单价组用综合单价结果

5.2.3　模板制作安装综合单价

模板制作安装(简称模板制安),一般清单中出现模板项目,只要没有单独列出模板制作、模板安拆清单,只给出一项模板清单时,模板单价就要综合考虑模板制作、模板安拆两个定额子目的组合。

比如:"普通标准钢模板制作安拆",我们首先在清单项目行套用安拆定额子目 50001,如图 2-39 所示,定额子目中包含有"模板"这一项材料,若模板材料是购买的,那么直接给定价格,自行计算即可。

若材料中的模板需要制作,则这个模板的建安单价需要综合考虑模板安拆与模板制作的费用。即在安拆定额子目中插入制作的费用即可。

操作:

第一步,选中 50001,模板安拆定额子目行,在下边"人材机"辅助窗口中左上角,点击"添加/补充"按钮,选择 

添加中间单价,在弹出来的窗口中,找到普通标准钢模板制作定额子目 50062,双击确定,50062 定额子目在"人材机"窗口中插入。

第二步:输入自定消耗 1(制作单位是 100 m^2,每安拆 100 m^2 模板,肯定需要制作 100 m^2)。

第三步:将原来的模板材料行删除,或修改其自定消耗为 0。

如图 2-40 所示。

注:在分部工程页面套用定额组价之后显示的建安单价,是只包含人工费用的,并非最终单价。在分部工程页面,将所有项目组完价之后,在基础单价编制窗口,填写材料价

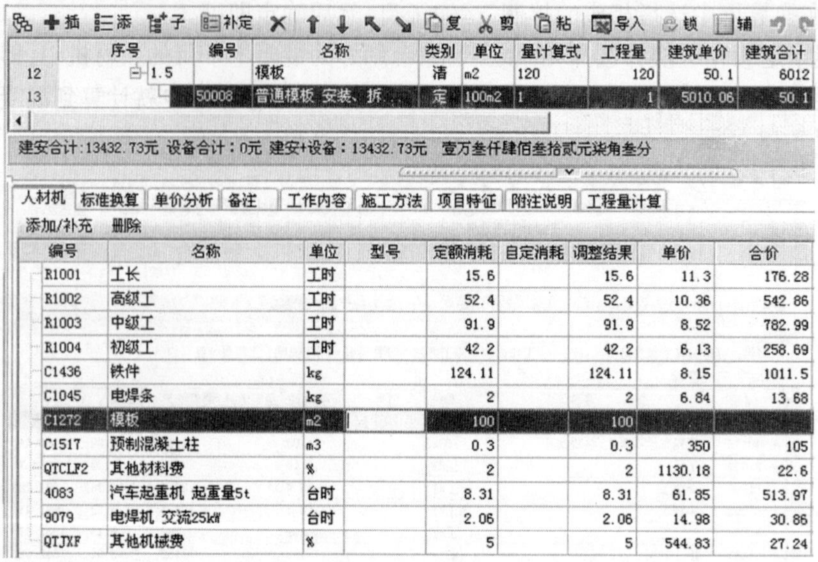

	序号	编号	名称	类别	单位	量计算式	工程量	建筑单价	建筑合计
12	1.5		模板	清	m2	120	120	50.1	6012
13		50008	普通模板 安装、拆...	定	100m2	1	1	5010.06	50.1

编号	名称	单位	型号	定额消耗	自定消耗	调整结果	单价	合价
R1001	工长	工时		15.6		15.6	11.3	176.28
R1002	高级工	工时		52.4		52.4	10.36	542.86
R1003	中级工	工时		91.9		91.9	8.52	782.99
R1004	初级工	工时		42.2		42.2	6.13	258.69
C1436	铁件	kg		124.11		124.11	8.15	1011.5
C1045	电焊条	kg		2		2	6.84	13.68
C1272	模板	m2		100		100		
C1517	预制混凝土柱	m3		0.3		0.3	350	105
QTCLF2	其他材料费	%		2		2	1130.18	22.6
4083	汽车起重机 起重量5t	台时		8.31		8.31	61.85	513.97
9079	电焊机 交流25kW	台时		2.06		2.06	14.98	30.86
QTJXF	其他机械费	%		5		5	544.83	27.24

图 2-39 模板外购时综合单价的处理

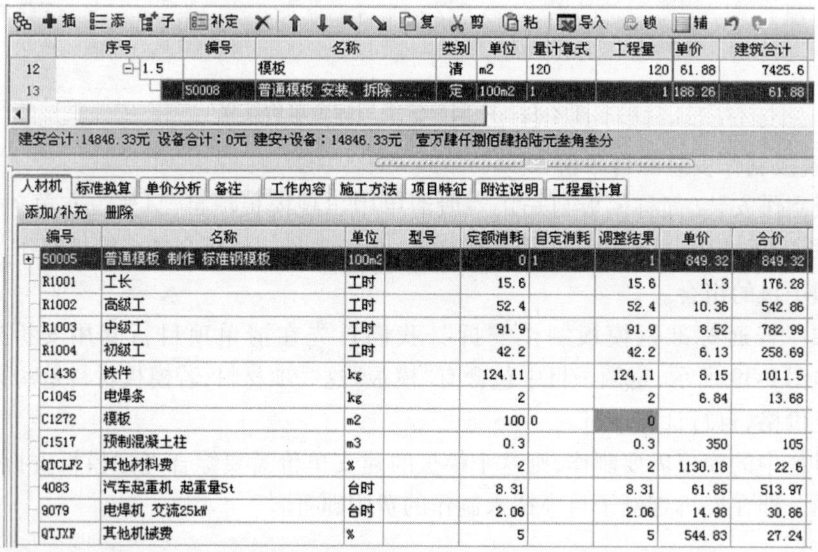

	序号	编号	名称	类别	单位	量计算式	工程量	单价	建筑合计
12	1.5		模板	清	m2	120	120	61.88	7425.6
13		50008	普通模板 安装、拆除...	定	100m2	1	1	188.26	61.88

编号	名称	单位	型号	定额消耗	自定消耗	调整结果	单价	合价
50005	普通模板 制作 标准钢模板	100m2		0	1	1	849.32	849.32
R1001	工长	工时		15.6		15.6	11.3	176.28
R1002	高级工	工时		52.4		52.4	10.36	542.86
R1003	中级工	工时		91.9		91.9	8.52	782.99
R1004	初级工	工时		42.2		42.2	6.13	258.69
C1436	铁件	kg		124.11		124.11	8.15	1011.5
C1045	电焊条	kg		2		2	6.84	13.68
C1272	模板	m2		100	0	0		
C1517	预制混凝土柱	m3		0.3		0.3	350	105
QTCLF2	其他材料费	%		2		2	1130.18	22.6
4083	汽车起重机 起重量5t	台时		8.31		8.31	61.85	513.97
9079	电焊机 交流25kW	台时		2.06		2.06	14.98	30.86
QTJXF	其他机械费	%		5		5	544.83	27.24

图 2-40 模板自行制作时综合单价的处理

格之后所显示的建安单价才是最终的建安单价。

5.3 自定义补充定额子目组建单价

当有一个清单在定额库里没有找到合适的定额但是又需要单价分析表,那么就自己自定义补充一个定额。

点击菜单栏的“补定”按钮,弹出取费窗口,选择好取费,点击“确定”,见图 2-41。

填好补定的定额编号、名称、单位、工程量,添加人材机即可,见图 2-42。

添加的人材机消耗量都为 0,需要在“自定消耗”列填数量,见图 2-43。

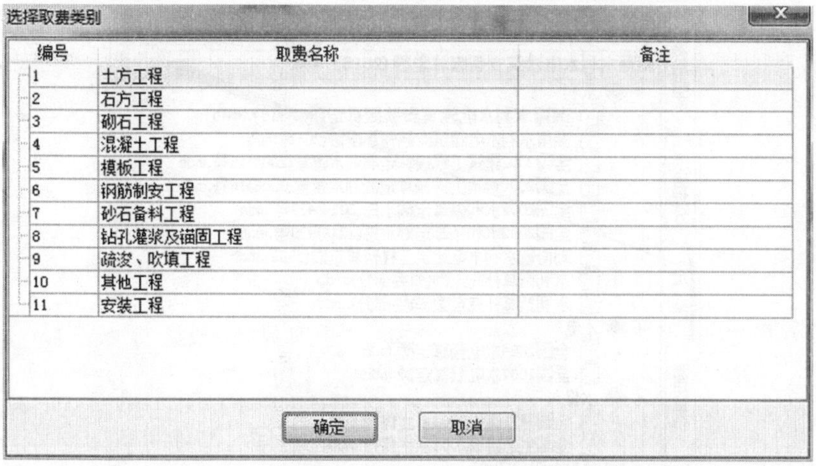

图 2-41 选择取费类别

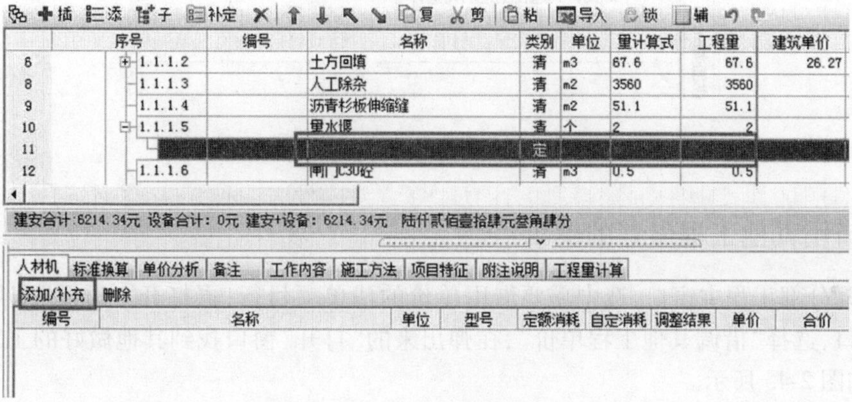

图 2-42 填写补定项目

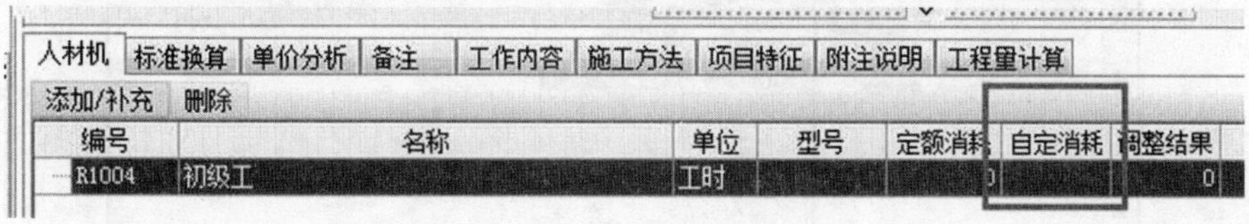

图 2-43 在“自定消耗”列填数量

5.4 借用其他定额标准子目组建单价

有清单需要套用的定额在当前的主定额库里没有,在其他定额标准里有,那么就需要借用其他定额标准子目来组建单价。

点击左侧的“定额”窗口,点击定额库倒三角按钮,双击选择其他定额库,见图 2-44。

套用其他定额库里的定额,会弹出取费窗口(同图 2-41),需要按照主定额的取费标准来进行取费。

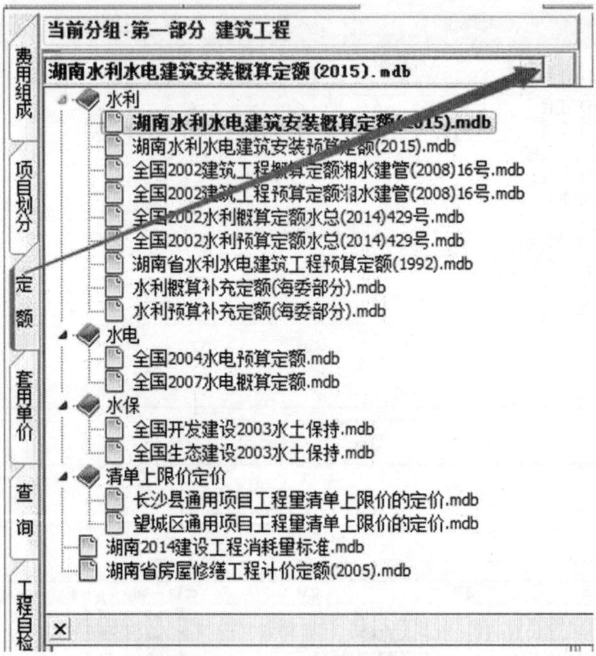

图 2-44　选择其他定额库

5.5　借用其他工程做好的单价

打开分部工程主窗口,选中需要借用单价的清单项目行,再打开左边框“套用单价”辅助窗口,选择“借调其他工程单价”,在弹出来的“打开”窗口找到其他做好的工程,点击打开,如图 2-45 所示。

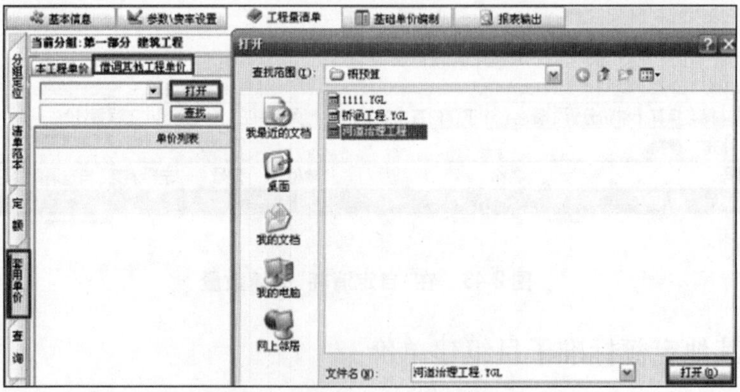

图 2-45　借用其他工程的单价

打开的工程,所有做过的单价均在“套用单价”窗口中汇总,选中需要借调的单价,双击,该单价组成自动套用到主窗口中当前清单项目行下方。

5.6　套用本工程做好的单价

水利工程概算文件的项目划分,不同的构筑物中经常有多个清单项目,名称、单位相同,属于不同的分部,工程量不同,但单价却相同。在组建安单价时,只需要组一个建安单价,其他相同的项目直接关联套用,称“套用单价”。套用的单价,都是本工程已经做好的建安单价,汇总在左边框“套用单价”辅助窗口中,套用本工程做好的单价,在组价过程中,省去了重复套定额的麻烦。

5.6.1　批量套用

(1)自动套价。

点击“套用单价”,再点击上面的“批量自动套用”(见图 2-46),在弹出来的窗口点“是”即可,此方式是根据套用单价与清单名称、单位相同时自动套价。

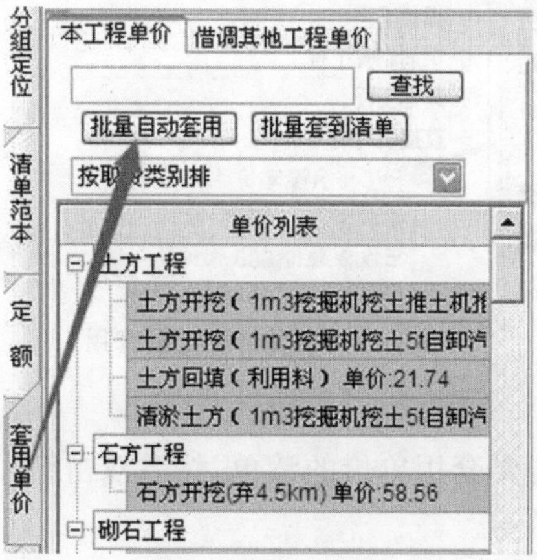

图 2-46　自动套用单价

(2)批量套到清单。

工程量清单左边“套用单价”,选中所需单价,点击“批量套到清单”(见图 2-47),根据提示操作即可。

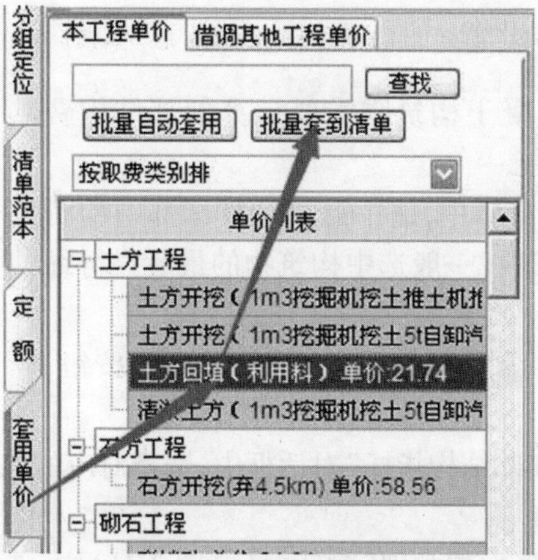

图 2-47　批量套到清单

(3)手填单价的批量套用。

在"套用单价"界面的下面会显示手填的单价(见图2-48),点击要套用的单价,再点击上面"批量套到清单",根据提示操作即可。

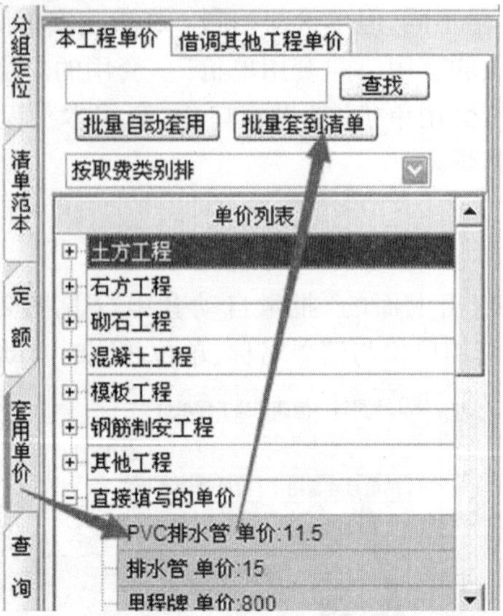

图2-48 手填单价批量套用

5.6.2 单独套用

工程量清单界面,点击要套用单价的清单,然后双击套用单价里的单价。

5.6.3 取消单价套用

光标定位在清单,右键菜单点击"单价套用"→"取消单价套用"/"取消所有单价套用",然后选择"取消后保留单价"/"取消后复制定额"/"取消后单价清零"即可。

5.7 细部结构项目的设置

水利工程中,有些混凝土构筑物需要计算细部结构费用,软件提供自动计算功能。

第一步,分部工程主窗口中,选中需要计算细部结构费用的构筑物的任何项目细项(一般选中构筑物的最后一行细项行位置)。

第二步,点击右边框"常用功能"栏的"细部结构"按钮,见图2-49。

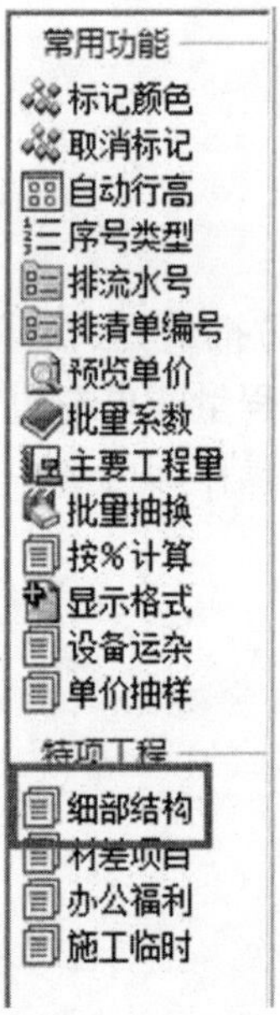

图2-49 "常用功能"栏

第三步:在弹出的"细部结构指标"对话框中,选择对应的综合指标,点击"确定"。如图2-50所示。

接着在弹出来的"选择取费类别"对话框(同图2-41)中,选择取费名称,点击"确定"即可。

图 2-50　“细部结构指标”对话框

分部工程主窗口中会自动插入细部结构项目。

第四步，计算细部结构项目工程量：选中细部结构清单项的量计算式栏，量计算式栏右端出现选择按钮，点击，在弹出来的对话框中，勾选计算细部结构的混凝土项，点击“确定”后，所有勾选的混凝土量自动汇总，生成细部结构的工程量。

任务 6　设备及安装工程单价录入或组建

6.1　设备价格的录入

有设备费的清单行，在“设备原价”栏直接输入设备价格即可，见图 2-51。

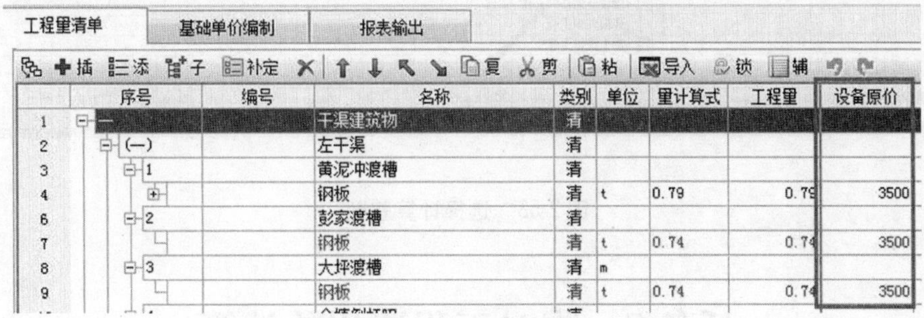

图 2-51　设备价格录入

6.2　未计价装置性材料的设置

定额中如果那些材料是未计价装置性材料，在定额“人材机”窗口中，找到相应材料，在“装置”栏勾选即可（勾选的未计价装置性材料，计算单价时，该材料不取费，只计取税金后，计算到建安单价中）。如图 2-52 显示的“钢管”。

图 2-52　未计价装置性材料的设置

6.3　按百分比计算费用的项目设置

点击要按百分比计算的清单，然后再点击右侧“常用功能”里的“按% 计算”，在弹出的窗口勾选作为计算基数的清单，填好费率，点击“确定”即可，见图 2-53。

图 2-53　选择计算基数

任务 7　临时工程费用的计算

7.1　办公、生活及文化福利建筑费用计算

点击办公、生活及文化福利建筑清单行，再点击右侧“特项工程”的“办公福利”，见图 2-54。

图 2-54　“办公福利”选项

在弹出的“设置”对话框中，选择“当前行设置为办公福利建筑”（见图 2-55）。点击“确定”，弹出“办公、生活及文化福利建筑”对话框，见图 2-56。

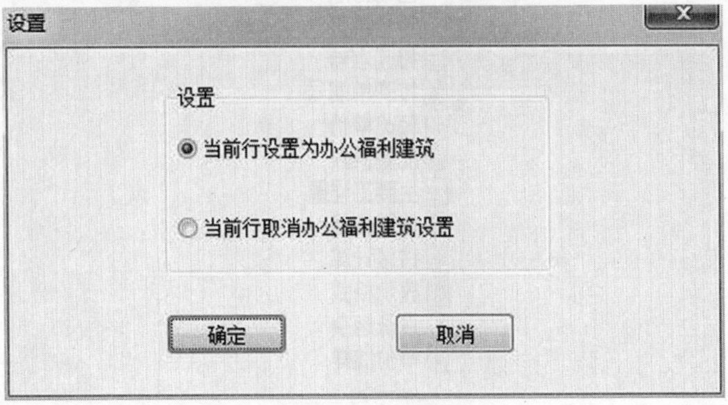

图 2-55　“设置”对话框

首先“系数来源”选择“直接填写”，然后在左边“直接填写”框里填上办公福利的费率，在右侧“其他施工临时工程百分比”框填上其他施工临时工程费率，再点击“确定”即可。

通过此方法计算的办公福利清单行为蓝色，见图 2-57。

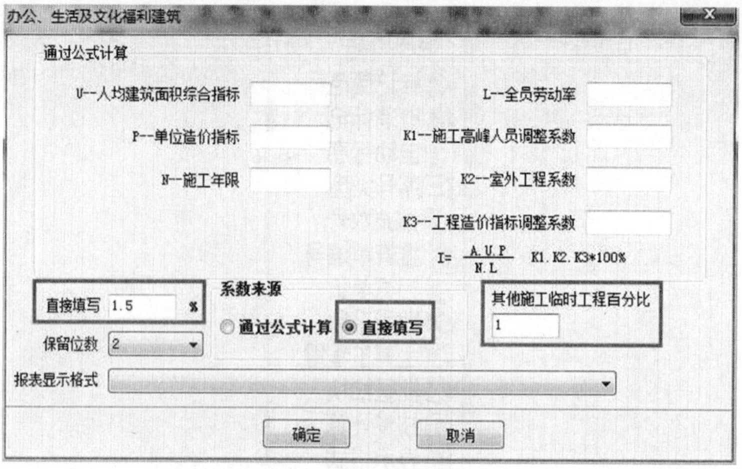

图 2-56 “办公、生活及文化福利建筑”对话框

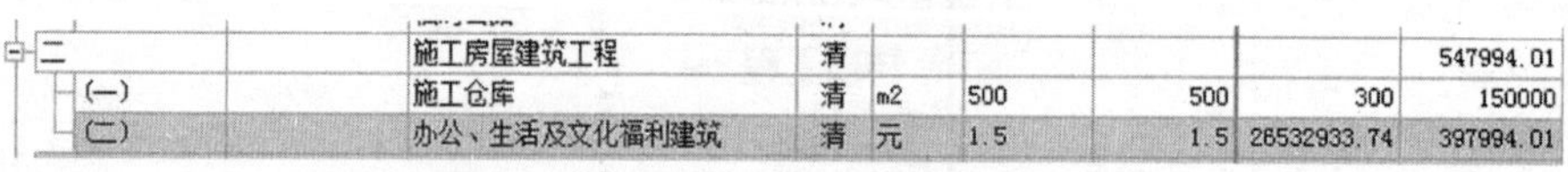

二		施工房屋建筑工程	清					547994.01
(一)		施工仓库	清	m2	500	500	300	150000
(二)		办公、生活及文化福利建筑	清	元	1.5	1.5	26532933.74	397994.01

图 2-57 办公福利清单行

7.2 其他施工临时工程费用的计算

点击其他施工临时工程清单行,再点击右侧“特项工程”的“施工临时”,见图 2-58。

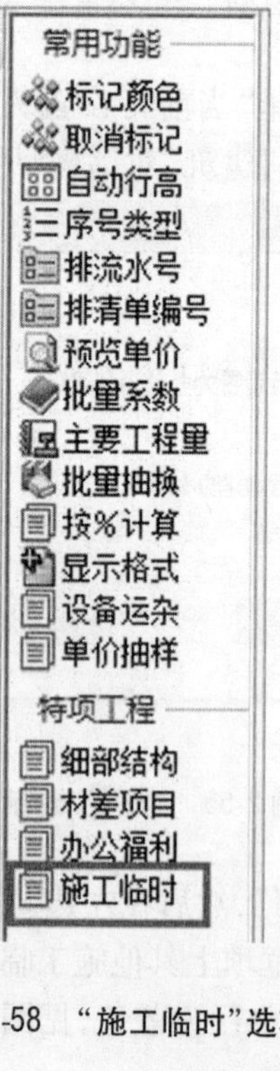

图 2-58 “施工临时”选项

在弹出的“设置”对话框中,选择“当前行设置为其他临时工程”(见图 2-59),点击“确定”。

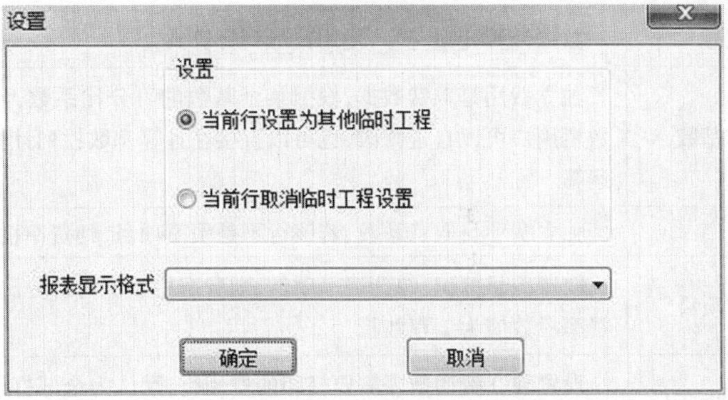

图 2-59　“设置”对话框

在“量计算式”里填上费率即可,见图 2-60。

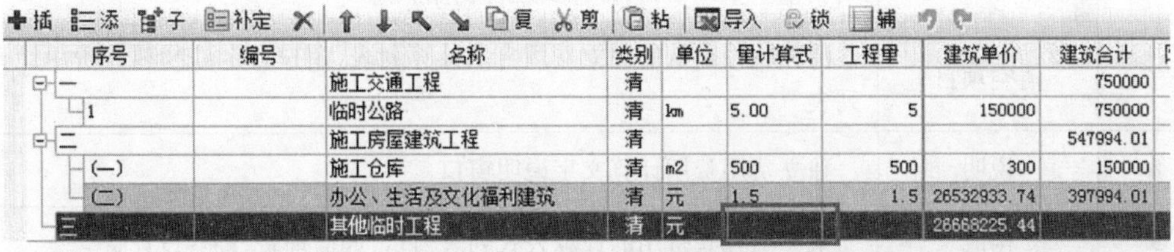

序号	编号	名称	类别	单位	量计算式	工程量	建筑单价	建筑合计
一		施工交通工程	清					750000
1		临时公路	清	km	5.00	5	150000	750000
二		施工房屋建筑工程	清					547994.01
(一)		施工仓库	清	m2	500	500	300	150000
(二)		办公、生活及文化福利建筑	清	元	1.5	1.5	26532933.74	397994.01
三		其他临时工程	清	元			26668225.44	

图 2-60　在“量计算式”里填上费率

任务 8　独立费用的计算

软件已经根据编规做好独立费的清单,见图 2-61。

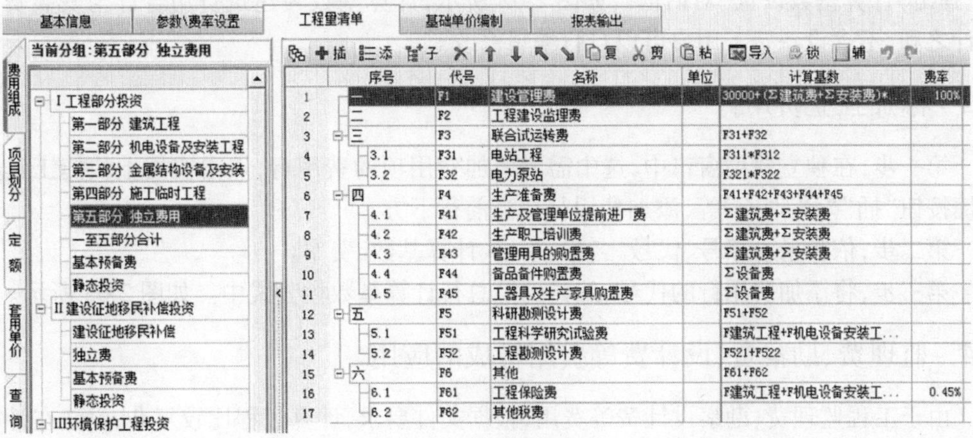

	序号	代号	名称	单位	计算基数	费率
1	一	F1	建设管理费		30000+(Σ建筑费+Σ安装费)*...	100%
2	二	F2	工程建设监理费			
3	三	F3	联合试运转费		F31+F32	
4	3.1	F31	电站工程		F311*F312	
5	3.2	F32	电力泵站		F321*F322	
6	四	F4	生产准备费		F41+F42+F43+F44+F45	
7	4.1	F41	生产及管理单位提前进厂费		Σ建筑费+Σ安装费	
8	4.2	F42	生产职工培训费		Σ建筑费+Σ安装费	
9	4.3	F43	管理用具的购置费		Σ建筑费+Σ安装费	
10	4.4	F44	备品备件购置费		Σ设备费	
11	4.5	F45	工器具及生产家具购置费		Σ设备费	
12	五	F5	科研勘测设计费		F51+F52	
13	5.1	F51	工程科学研究试验费		F建筑工程+F机电设备安装工...	
14	5.2	F52	工程勘测设计费		F521+F522	
15	六	F6	其他		F61+F62	
16	6.1	F61	工程保险费		F建筑工程+F机电设备安装工...	0.45%
17	6.2	F62	其他税费			

图 2-61　独立费清单

8.1　独立费项目功能描述

独立费项目功能描述见表 2-2。

表 2-2 独立费项目功能描述

编号	功能名称	功能描述
1	代号	数据计算变量符号,使用代号列计算式
2	计算基数	独立费用是取费数据,根据某个基数的百分比系数,计算费用;计算基数栏用户可以自定修改,也可以直接在计算基数栏列计算公式,支持数值运算
3	费率	独立费项目取费系数,若该行不是费率项目,则费率栏当工程数量使用
4	费率项目	取费项目标识,勾选费率项目,则费率栏数值为百分比系数,不勾选,则费率栏数值为工程数量
5	独立费打印	设置独立费用报表需要打印的费用行,默认为全部打印,可设置某个费用行不打印不计算,或者不打印但要计算
6	重调项目	在软件操作过程中,将独立费用项目修改乱了,或者错误太多,需要重新调整。重调项目,即回到软件初始状态
7	清空项目	清除软件默认的独立费用自动计算列表,用户自定编制独立费用计算列表
8	说明	独立费用费用计算文字说明窗口
9	构成	某一项独立费用的计算公式列表窗口,如监理费、勘察设计费

8.2 修改编辑独立费项目的计算基数

在独立费主窗口,选择独立费项目的“计算基数”栏位置,右端显示“选择”按钮,点击,弹出“计算基数设置”对话框。如图 2-62 所示,计算基数为建筑费用合计与安装费用合计之和,不含设备费。用户可以自行编辑修改。

8.3 添加独立费用行

第一步,在独立费用窗口中,选中需要增加费用项的费用行,点击窗眉上快捷工具栏快捷按钮“插”“添”“子”等,添加费用行在当前行下方。

第二步,依次录入序号、代号、名称、单位、计算基数、费率。

第三步,将添加费用行的代号,编辑到汇总行计算基数栏公式中。如图 2-63 所示。

8.4 监理费、勘察费、设计费等费用构成的应用

由于工程监理费、勘察设计费等费用,根据文件要求,计算过程比较复杂,没法在计算基数栏列举单一的计算公式完成费用计算,软件设置“构成”辅助窗口,设置这些费用自动计算的公式列表,如监理费。

如图 2-64 所示,软件设置工程监理费的收费计费额自动计算生成,根据工程监理费计算文件,设置“收费基价”自动生成;相关计算过程算式定义默认,用户只需要根据工程

编号	名称	代号	合计
I	工程部分投资		49424.95
	第一部分 建筑工程	F建筑工程	13432.73
	第二部分 机电设备及安装工	F机电设备安装工程	
	第三部分 金属结构设备及安	F金属结构设备及安装工程	
	第四部分 施工临时工程	F施工临时工程	
	第五部分 独立费用	F独立费	32999.67
	一至五部分合计	F一至五	46432.4
	基本预备费	F基本预备费	2321.62
	静态投资	F静态总投资	48754.02
II	建设征地移民补偿投资		
	建设征地移民补偿	F建设补偿	
	独立费	FYM独立费	

图 2-62　编辑独立费用的计算基数

	序号	代号	名称	单位	计算基数	费率	其他单价	其他合计
1	一	F1	建设管理费		30000+(Σ建筑费+Σ安装费)*...	100%	30447.43	30447.43
2	二	F2	工程建设监理费					264.88
3	三	F3	联合试运转费		F31+F32			
4	3.1	F31	电站工程		F311*F312			
5	3.1.1	F311	电站单机费用		20000			20000
6	3.1.2	F312	电站单机台数		0			
7	3.2	F32	电力泵站		F321*F322			
8	3.2.1	F321	电力泵站费用		50000			50000
9	3.2.2	F322	电力泵站容量		0			
10	四	F4	生产准备费		F41+F42+F43+F44+F45			12.43
11	4.1	F41	生产及管理单位提前进厂费		Σ建筑费+Σ安装费	0.2%	6214.34	12.43
12	4.2	F42	生产职工培训费		Σ建筑费+Σ安装费		6214.34	
13	4.3	F43	管理用具的购置费		Σ建筑费+Σ安装费		6214.34	
14	4.4	F44	备品备件购置费		Σ设备费			
15	4.5	F45	工器具及生产家具购置费		Σ设备费			
16	五	F5	科研勘测设计费		F51+F52			647.44
17	5.1	F51	工程科学研究试验费		F建筑工程+F机电设备安装工...		6214.34	
18	5.2	F52	工程勘测设计费		F521+F522			647.44
19	5.2.1	F521	勘察费					246.09
20	5.2.2	F522	设计费					401.35
21	六	F6	其他		F61+F62			27.96
22	6.1	F61	工程保险费		F建筑工程+F机电设备安装工...	0.45%	6214.34	27.96
23	6.2	F62	其他税费					
24	七	F7	价差		Σ价差	100%	169.05	169.05

图 2-63　添加独立费用行

实际情况修改相关的调整系数即可。

	序号	代号	名称	单位	计算基数	费率	其他单价	其他合计	费率项目	独立费
1	一	F1	建设管理费		30000+(Σ建筑费+Σ安装费)*...	100%	30447.43	30447.43	☑	
2	二	F2	工程建设监理费					264.88	☑	
3	三	F3	联合试运转费		F31+F32				☑	
4	3.1	F31	电站工程		F311*F312				☑	

合计:31569.19元　叁万壹仟伍佰陆拾玖元壹角玖分　万元显示

说明　构成

前 添 子 删 上 下 升 降 复 粘 导出 导入

编号	名称	单位	工程量	代号	计算基础	单价	合价	费率项目	计入结果
一	监理服务收费基准价	元	1	J1	J16	212.24	212.24	☐	☐
	监理服务收费计费额	元	1	J11	Σ建筑费+Σ安装费+Σ设备费	6214.34	6214.34	☐	☐
	监理服务收费基价	元	1	J12	(Σ建筑费+Σ安装费+Σ设备费)	205.07	205.07	☐	☐
	专业调整系数	系数	0.9	J13	J12	205.07	184.56	☐	☐
	复杂程度调整系数	系数	1.15	J14	J13	184.56	212.24	☐	☐
	高程调增系数	系数	1	J15	J14	212.24	212.24	☐	☐
	其他调整系数	系数	1	J16	J15	212.24	212.24	☐	☐
二	其他监理服务收费	元	1	J2	J21+J22	8.49	8.49	☐	☐
	总体协调费	系数	0.04	J21	J1	212.24	8.49	☐	☐
	其他	系数		J22	J1			☐	☐
三	工程监理服务收费	元	1	J3	J31+J32	264.88	264.88	☐	☑
	收费基准价+其他监理服务收费	元	1	J31	J1+J2	220.73	220.73	☐	☐
	浮动幅度值	系数	0.2	J32	J31	220.73	44.15	☐	☐

图 2-64　监理费“构成”窗口

若工程实际不需要按照相关计费文件计算,而是直接按照某个费用的百分比计算,或者直接给定数值,用户只需要在独立费用窗口的“计算基数”栏列算式或者直接填写数值即可。那么费用“构成”窗口自动失效。

任务 9　基础单价的编制

9.1　人工单价的录入与计算

(1)点击“基础单价编制”—“人工”就可看到人工单价,见图 2-65。软件已经根据编规做好了人工单价,默认为一般地区的人工单价,可以在“参数\费率设置”窗口选择工资地区来选择一类地区和二类地区的人工单价,见图 2-66。

基本信息　参数\费率设置　工程量清单　基础单价编制　报表输出

人工　材料　电风水　机械

添　删　上　下　合并　恢复限价　刷新总用量　人工去向　锁定限价

编号	名称	单位	预算价	基(限)价	总用量	总价	手填	不打印
R1001	工长	工时	11.3		29.5	333.35	☐	☐
R1002	高级工	工时	10.36		28.4	294.22	☐	☐
R1003	中级工	工时	8.52		273.786	2332.66	☐	☐
R1004	初级工	工时	6.13		1332.781	8169.95	☐	☐
R1005	机械工	工时	8.52		144.1008	1227.74	☐	☐

图 2-65　人工单价汇总表

经测算,湖南省水利水电工程定额人工预算单价按表 2-3 执行。

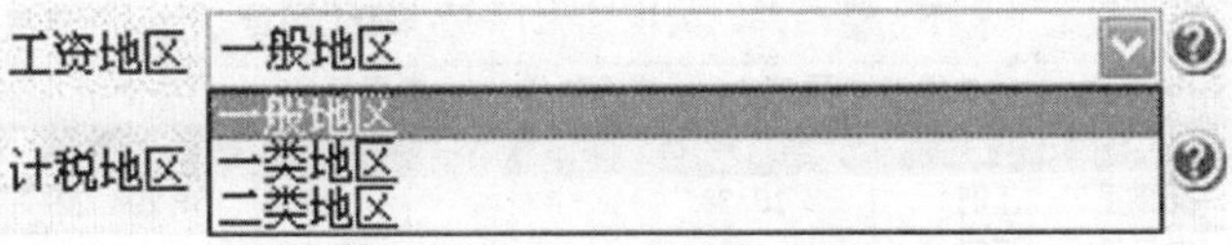

图 2-66　工资地区选择

表 2-3　定额人工预算单价　（单位：元/工时）

地区	技术等级			
	工长	高级工	中级工	初级工
一般地区	11.30	10.36	8.52	6.13
一类地区	11.55	10.60	8.76	6.38
二类地区	11.72	10.76	8.93	6.55

注：一般地区是指除一类、二类地区以外的其他县（市、区）。

一类地区是指桑植县、江华瑶族自治县、城步苗族自治县、麻阳苗族自治县、新晃侗族自治县、通道侗族自治县；

二类地区是指吉首市、泸溪县、凤凰县、花垣县、保靖县、古丈县、永顺县、龙山县。

（2）在软件中人工单价也可以自行修改，在下面对应的“计算”窗口列计算式，列好计算式后，点“计算”按钮就可以自动调用到上面人工预算价中，见图 2-67。

图 2-67　修改人工单价

（3）人工单价也可以直接填，在“手填”列勾选，就可以直接在预算价列填人工单价，见图 2-68。

（4）如果某个工种不想在人工单价汇总表里打印，可以在“不打印”列勾选，见图 2-69。打印效果如图 2-70 所示。

9.2　材料预算单价的录入与计算

（1）点击“基础单价编制”—“材料”，就可看到材料单价，见图 2-71。

编号	名称	单位	预算价	基(限)价	总用量	总价	手填	不打印
R1001	工长	工时	11.3		29.5	333.35	☑	☐
R1002	高级工	工时	10.36		28.4	294.22	☐	☐
R1003	中级工	工时	8.52		273.786	2332.66	☐	☐
R1004	初级工	工时	6.13		1332.781	8169.95	☐	☐
R1005	机械工	工时	8.52		144.1008	1227.74	☐	☐

图 2-68　手填人工单价

编号	名称	单位	预算价	基(限)价	总用量	总价	手填	不打印
R1001	工长	工时	11.3	0	29.5	333.35	☐	☐
R1002	高级工	工时	10.36		28.4	294.22	☐	☐
R1003	中级工	工时	8.52		273.786	2332.66	☐	☐
R1004	初级工	工时	6.13		1332.781	8169.95	☐	☐
R1005	机械工	工时	8.52	0	144.1008	1227.74	☐	☑

图 2-69　人工单价"不打印"设置

人工预算单价汇总表

序　号	名称及规格	单位	单价（元）
1	工长	工时	11.30
2	高级工	工时	10.36
3	中级工	工时	8.52
4	初级工	工时	6.13

图 2-70　人工预算单价汇总表打印效果

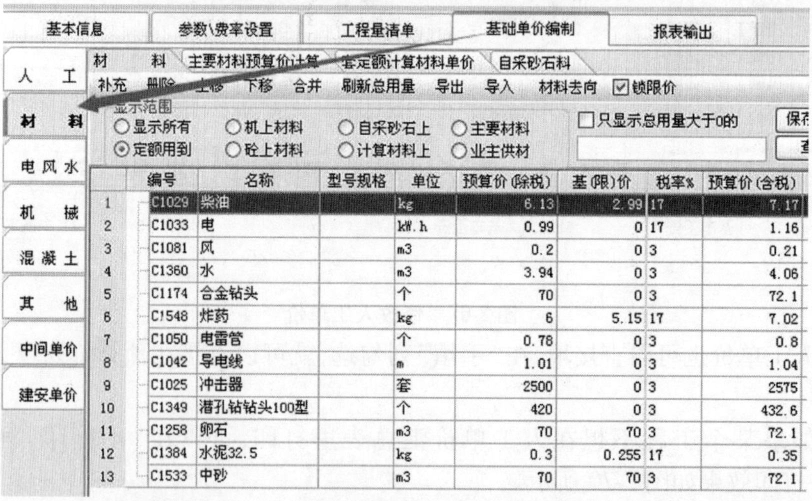

	编号	名称	型号规格	单位	预算价(除税)	基(限)价	税率%	预算价(含税)
1	C1029	柴油		kg	6.13	2.99	17	7.17
2	C1033	电		kW.h	0.99	0	17	1.16
3	C1081	风		m3	0.2	0	3	0.21
4	C1360	水		m3	3.94	0	3	4.06
5	C1174	合金钻头		个	70	0	3	72.1
6	C1548	炸药		kg	6	5.15	17	7.02
7	C1050	电雷管		个	0.78	0	3	0.8
8	C1042	导电线		m	1.01	0	3	1.04
9	C1025	冲击器		套	2500	0	3	2575
10	C1349	潜孔钻钻头100型		个	420	0	3	432.6
11	C1258	卵石		m3	70	70	3	72.1
12	C1384	水泥32.5		kg	0.3	0.255	17	0.35
13	C1533	中砂		m3	70	70	3	72.1

编者注：图中单位"kw · h"或者"kW · h"为电能单位"kWh"，全书同。

图 2-71　材料单价

(2)菜单栏按钮功能，描述见表 2-4。

表2-4 菜单栏按钮功能描述

序号	名称	功能描述
1	补充	补充一个材料，补充的材料需要自己填费率及选择材料类别
2	删除	删除一个材料，如果材料在工程中已经被使用则无法删除
3	上移、下移	上下移动选中的材料位置
4	合并	合并两个材料为一个，同一种材料名称单位分别为 t 和 kg 也可以合并
5	刷新总用量	刷新所有材料使用的总用量
6	导出	把当前工程设置好的材料价格导出成“. cl”格式的材料信息价格文件
7	导入	可以导入“. xsl”“. xlsx”“. cl”三种格式的信息价格文件
8	材料去向	可以看到某材料在哪些清单里被使用，双击清单可定位到工程量清单界面
9	锁限价	选项勾选时，锁定基价不被修改，去掉“√”即可修改基价

(3)直接填写材料预算价。

材料的预算价可以直接填写，如果预算价是含税价，填入到“预算价(含税)”列，如果预算价是除税价，填入到“预算价(除税)”列，见图2-72。

	编号	名称	型号规格	单位	预算价(除税)	基(限)价	税率%	预算价(含税)
1	C1029	柴油		kg	6.13	2.99	17	7.17
2	C1033	电		kW.h	0.99	0	17	1.16
3	C1081	风		m3	0.2	0	3	0.21
4	C1360	水		m3	3.94	0	3	4.06
5	C1174	合金钻头		个	70	0	3	72.1
6	C1548	炸药		kg	6	5.15	17	7.02
7	C1050	电雷管		个	0.78	0	3	0.8
8	C1042	导电线		m	1.01	0	3	1.04
9	C1025	冲击器		套	2500	0	3	2575
10	C1349	潜孔钻钻头100型		个	420	0	3	432.6
11	C1258	卵石		m3	70	70	3	72.1
12	C1384	水泥32.5		kg	0.3	0.255	17	0.35
13	C1533	中砂		m3	70	70	3	72.1

图2-72 直接填写材料预算价

(4)导入材料预算价。

点击菜单栏的“导入”按钮(见图2-73)，右侧出现导入窗口(见图2-74)。点击“打开信息价文件”，选择好信息价文件，点击打开。

导入之后，“预算价”列为当前工程材料的价格，“信息价”列为导入的信息价文件里的价格，如果有材料价格不想用信息价文件的价格，可以把“选择”列的“√”去掉，见

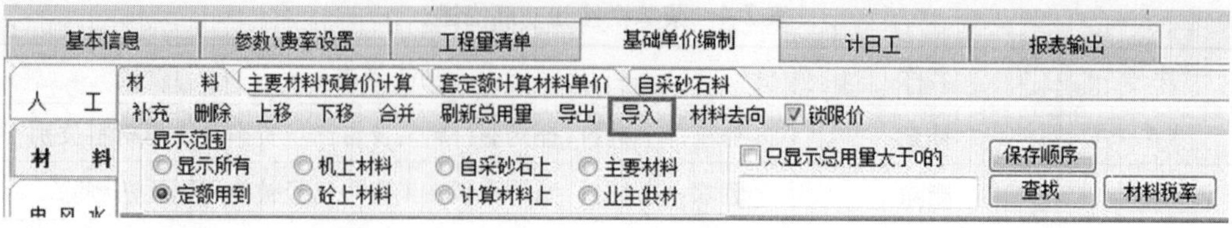

图 2-73　导入材料预算价

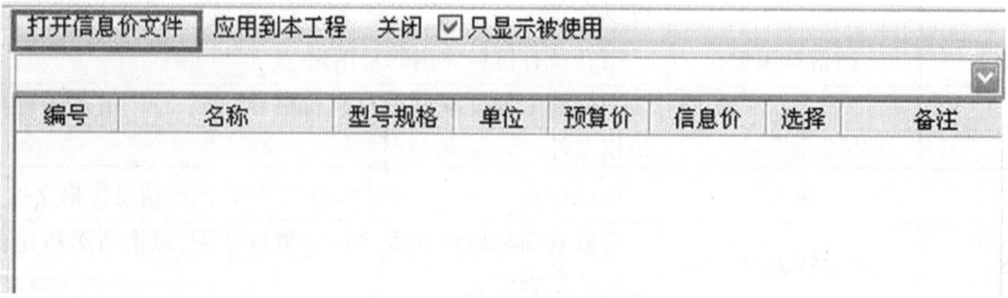

图 2-74　导入窗口

图 2-75。

编号	名称	型号规格	单位	预算价	信息价	选择	备注
C1029	柴油		kg	6.13	6.75	☑	
C1033	电		kW.h	0.99	0.8685	☑	
C1081	风		m3	0.2	0.5	☑	
C1360	水		m3	3.94	0.2	☑	
C1174	合金钻头		个	70	80	☑	
C1548	炸药		kg	6	6.2	☑	
C1050	电雷管		个	0.78	0.78	☑	
C1042	导电线		m	1.01	1.01	☑	
C1025	冲击器		套	2500	2500	☑	
C1349	潜孔钻钻头100型		个	420	420	☑	
C1258	卵石		m3	70	90	☑	
C1384	水泥32.5		kg	0.3	0.325	☑	
C1533	中砂		m3	70	100	☑	

图 2-75　价格设置

点击“应用到本工程”(见图 2-76),在弹出的是否应用点击“确定”,之后再弹出选择是“含税价”还是“除税价”的窗口,选择好点击“确定”即可使用导入的信息价,见图 2-77。

图 2-76　应用到本工程按钮

(5)主要材料预算价计算。

根据编规,主要材料预算价应该通过计算公式计算得来。

主要材料预算价格:对于用量多、影响工程投资大的主要材料,如钢筋(材)、水泥、木

图2-77　导入选择

材、粉煤灰、柴油、汽油、火工材料、砂石料等，应编制材料预算价格。计算公式为：

材料预算价格 =（材料原价 + 运杂费）×（1 + 采购及保管费率）+ 运输保险费

材料原价按工程所在地区就近的市场价格或就近合格厂家的出厂价计算。

运杂费主要包括包装费、运输费、装卸费。

铁路运输按铁道部现行《铁路货物运价规则》及有关规定计算其运杂费。

公路及水路运输按省有关部门现行规定或市场价计算。

运输保险费按工程所在地保险公司的有关规定计算。

采购及保管费按材料运到分工地仓库价格（不包括运输保险费）计算，费率见表2-5。

表2-5　采购及保管费率

序号	材料名称	费率（%）
1	水泥	3
2	钢材（筋）、油料	2
3	其他材料（砂石料除外）	2.5

在“基础单价编制”—“材料”—“主要材料预算价计算”界面，软件已经默认做了一些主材的计算，见图2-78。

图2-78　“主要材料预算价计算”界面

在“基础单价编制”—“材料”—“材料”界面，右击要计算预算价的材料，选择“计算主材单价”或“关联主材单价”。

选择“计算主材单价”，软件会自动跳转到主要材料预算价计算界面。

选择“关联主材单价”（见图 2-79），会弹出选择材料的窗口，在弹出的窗口选择好主要材料（见图 2-80），同一种材料单位为 t 和 kg 也可以关联，关联时软件会自动进行倍数调整。

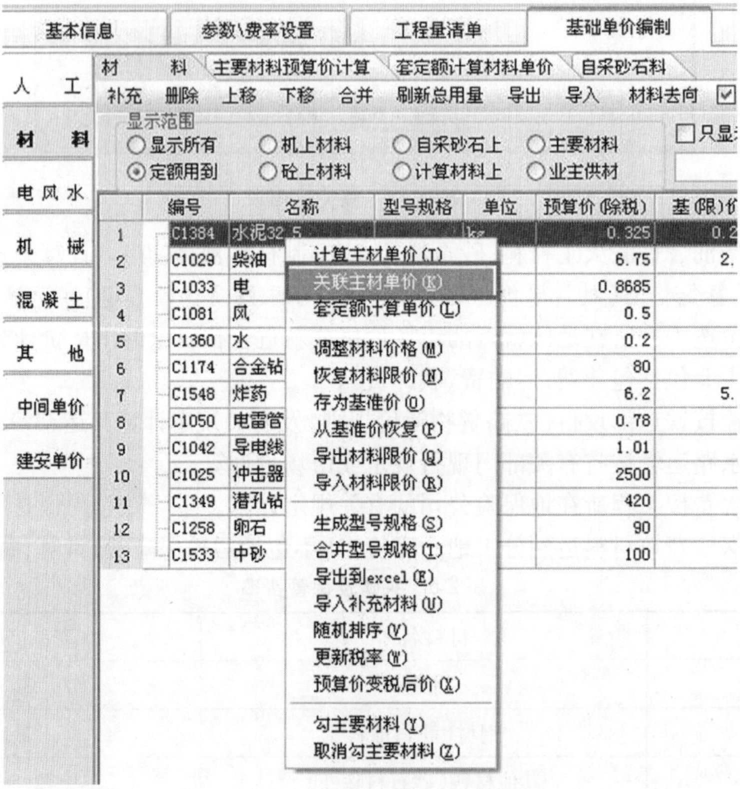

图 2-79　选择“关联主材单价”

图 2-80　选择主要材料名称

计算或关联后的材料预算价为黄色的，自动勾选了主要材料，所以材料行为粉色的，见图2-81。

图2-81 计算或关联后的材料行

(6)套定额计算材料单价。

在“基础单价编制”—“材料”—“材料”界面，右击要套定额计算预算价的材料，选择“套定额计算单价”(见图2-82)，软件会自动跳转到“套定额计算材料单价”界面(见图2-83)，然后在左侧定额库双击要套用的定额即可。

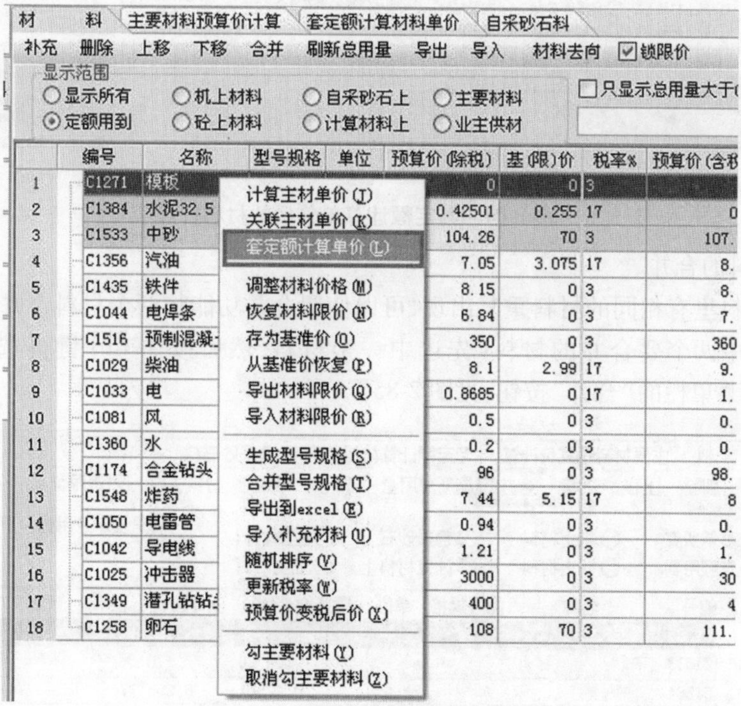

图2-82 选择“套定额计算单价”

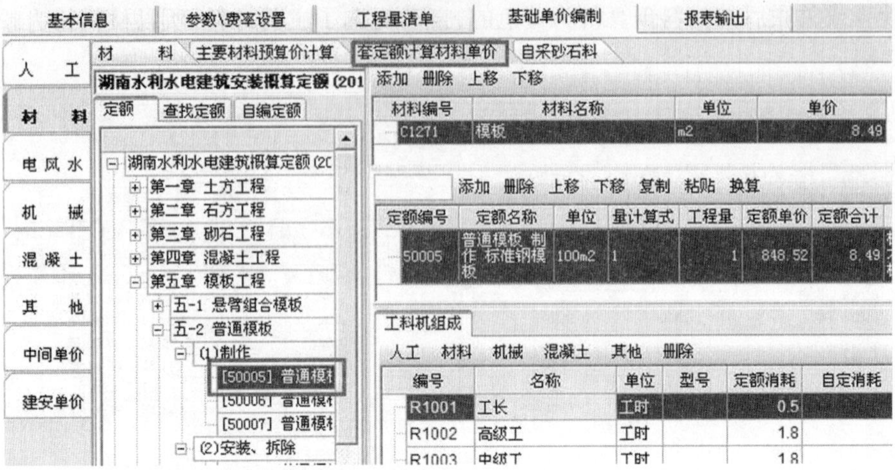

图 2-83 “套定额计算材料单价”界面

通过套定计算单价的材料，预算价为黄色的，但是不会自动勾选主要材料，见图 2-84。

图 2-84 套定额计算单价后的材料行

(7)材料的合并。

如果材料里有相同的材料重复出现，可以使用合并功能将两个材料合并为一个材料。

首先选中两个要合并的材料(先选中一个材料，然后按住 Ctrl 键再选择另一个材料)，再点击菜单栏的“合并”按钮，见图 2-85。

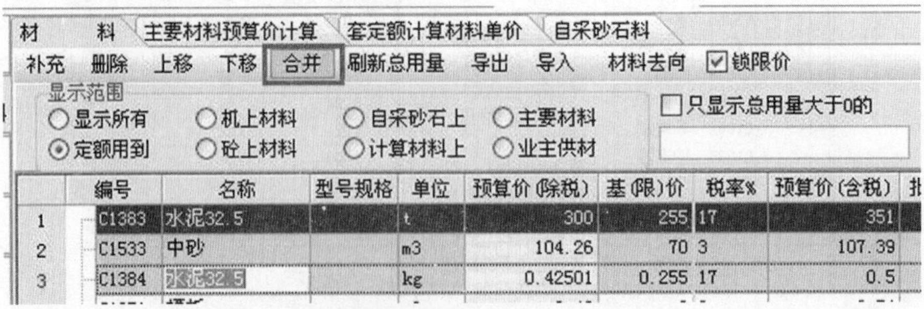

图 2-85 合并材料

在弹出的“合并”对话框中，在要保留的材料前面打“√”，点击“确定”即可，见图 2-86。

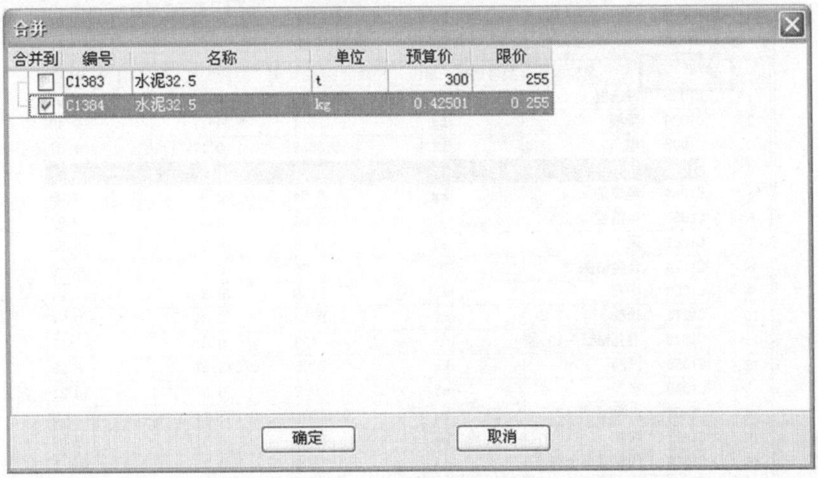

图 2-86　合并材料对话框

（8）材料的排序。

随机排序：在任意一个材料右击，选择“随机排序”，即可随机调整材料排列顺序，见图 2-87。

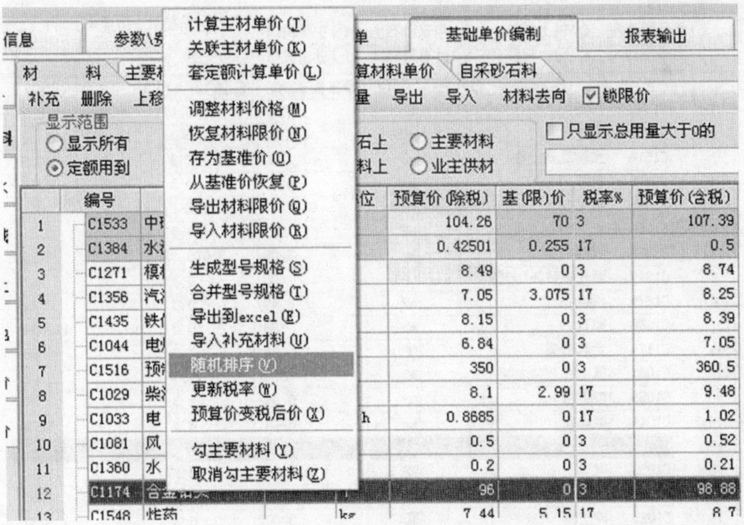

图 2-87　选择“随机排序”

按编号排序：点击列名称“编号”，右边出现一个正三角形（见图 2-88），表示按编号从小到大进行排序，再点击一次会变成倒三角形（见图 2-89），表示按编号从大到小进行排序，然后点击“保存顺序”，见图 2-90。

	编号	名称	型号规格	单位	预算价(除税)	基(限)价	税率%	预算价(含税)
1	C1025	冲击器		套	3000	0	3	3090
2	C1029	柴油		kg	8.1	2.99	17	9.48
3	C1033	电		kW. h	0.8685	0	17	1.02
4	C1042	导电线		m	1.21	0	3	1.25
5	C1044	电焊条		kg	6.84	0	3	7.05
6	C1050	电雷管		个	0.94	0	3	0.97
7	C1081	风		m3	0.5	0	3	0.52
8	C1174	合金钻头		个	96	0	3	98.88
9	C1258	卵石		m3	108	70	3	111.24
10	C1271	模板		m2	8.49	0	3	8.74
11	C1349	潜孔钻钻头100型		个	400	0	3	412
12	C1356	汽油		kg	7.05	3.075	17	8.25
13	C1360	水		m3	0.2	0	3	0.21
14	C1384	水泥32.5		kg	0.42501	0.255	17	0.5
15	C1435	铁件		kg	8.15	0	3	8.39
16	C1516	预制混凝土柱		m3	350	0	3	360.5
17	C1533	中砂		m3	104.26	70	3	107.39
18	C1548	炸药		kg	7.44	5.15	17	8.7

图 2-88　按编号从小到大排序

	编号	名称	型号规格	单位	预算价(除税)	基(限)价	税率%	预算价(含税)
1	C1548	炸药		kg	7.44	5.15	17	8.7
2	C1533	中砂		m3	104.26	70	3	107.39
3	C1516	预制混凝土柱		m3	350	0	3	360.5
4	C1435	铁件		kg	8.15	0	3	8.39
5	C1384	水泥32.5		kg	0.42501	0.255	17	0.5
6	C1360	水		m3	0.2	0	3	0.21
7	C1356	汽油		kg	7.05	3.075	17	8.25
8	C1349	潜孔钻钻头100型		个	400	0	3	412
9	C1271	模板		m2	8.49	0	3	8.74
10	C1258	卵石		m3	108	70	3	111.24
11	C1174	合金钻头		个	96	0	3	98.88
12	C1081	风		m3	0.5	0	3	0.52
13	C1050	电雷管		个	0.94	0	3	0.97
14	C1044	电焊条		kg	6.84	0	3	7.05
15	C1042	导电线		m	1.21	0	3	1.25
16	C1033	电		kW. h	0.8685	0	17	1.02
17	C1029	柴油		kg	8.1	2.99	17	9.48
18	C1025	冲击器		套	3000	0	3	3090

图 2-89　按编号从大到小排序

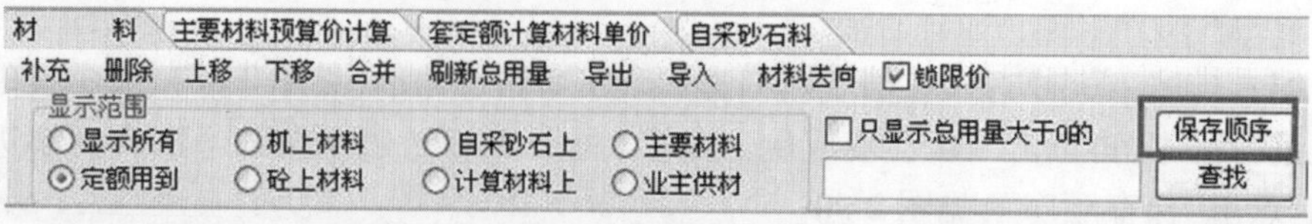

图 2-90　保存顺序按钮

按材料名称排序：点击“名称”，右边出现一个正三角形(见图2-91)，表示按名称从A到Z排序，再点击一次会变成倒三角形(见图2-92)，表示按名称从Z到A排序，然后点击“保存顺序”。

	编号	名称	型号规格	单位	预算价(除税)	基(限)价	税率%	预算价(含税)
1	C1029	柴油		kg	8.1	2.99	17	9.48
2	C1025	冲击器		套	3000	0	3	3090
3	C1042	导电线		m	1.21	0	3	1.25
4	C1033	电		kW.h	0.8685	0	17	1.02
5	C1044	电焊条		kg	6.84	0	3	7.05
6	C1050	电雷管		个	0.94	0	3	0.97
7	C1081	风		m3	0.5	0	3	0.52
8	C1174	合金钻头		个	96	0	3	98.88
9	C1258	卵石		m3	108	70	3	111.24
10	C1271	模板		m2	8.49	0	3	8.74
11	C1356	汽油		kg	7.05	3.075	17	8.25
12	C1349	潜孔钻钻头100型		个	400	0	3	412
13	C1360	水		m3	0.2	0	3	0.21
14	C1384	水泥32.5		kg	0.42501	0.255	17	0.5
15	C1435	铁件		kg	8.15	0	3	8.39
16	C1516	预制混凝土柱		m3	350	0	3	360.5
17	C1548	炸药		kg	7.44	5.15	17	8.7
18	C1533	中砂		m3	104.26	70	3	107.39

图2-91 按材料名称从A到Z排序

	编号	名称	型号规格	单位	预算价(除税)	基(限)价	税率%	预算价(含税)
1	C1533	中砂		m3	104.26	70	3	107.39
2	C1548	炸药		kg	7.44	5.15	17	8.7
3	C1516	预制混凝土柱		m3	350	0	3	360.5
4	C1435	铁件		kg	8.15	0	3	8.39
5	C1384	水泥32.5		kg	0.42501	0.255	17	0.5
6	C1360	水		m3	0.2	0	3	0.21
7	C1349	潜孔钻钻头100型		个	400	0	3	412
8	C1356	汽油		kg	7.05	3.075	17	8.25
9	C1271	模板		m2	8.49	0	3	8.74
10	C1258	卵石		m3	108	70	3	111.24
11	C1174	合金钻头		个	96	0	3	98.88
12	C1081	风		m3	0.5	0	3	0.52
13	C1050	电雷管		个	0.94	0	3	0.97
14	C1044	电焊条		kg	6.84	0	3	7.05
15	C1033	电		kW.h	0.8685	0	17	1.02
16	C1042	导电线		m	1.21	0	3	1.25
17	C1025	冲击器		套	3000	0	3	3090
18	C1029	柴油		kg	8.1	2.99	17	9.48

图2-92 按材料名称从Z到A排序

后面的“单位”列、“预算价”列都可以按照以上方法来进行排序。

9.3 自采砂石料预算价格的计算

点击“基础单价编制”—“材料”—“自采砂石料”即可进入自采砂石料预算价格计算，见图 2-93。

图 2-93　自采砂石料价格计算

(1)套定额计算工序单价：从左边定额库选择需要的定额，双击即可套用，见图 2-94。

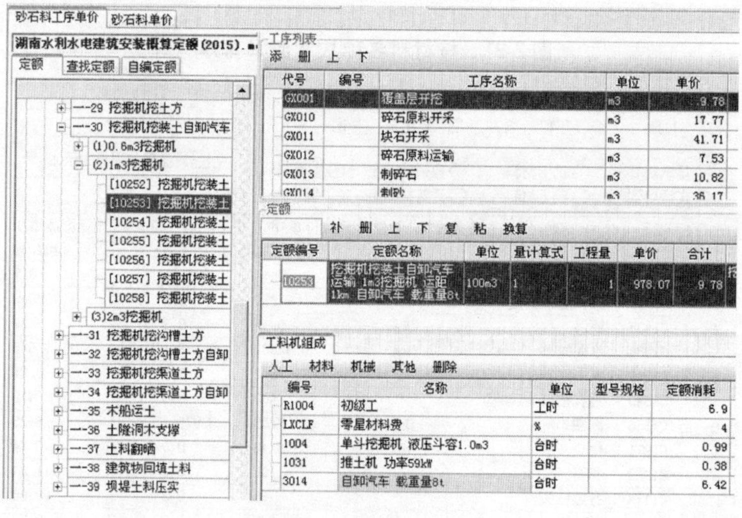

图 2-94　套定额计算工序单价

(2)选择工序：工序都套定额计算了单价之后切换到“砂石料单价”界面，点击右下的“选择工序”(见图 2-95)，在弹出的窗口选择好工序，点击“确定”(见图 2-96)。

(3)填好工序“调整系数”和“摊销率”，见图 2-97。

编号	名称	单位	预算价	备注
	机制砂	m3	108.36	
	石子	m3		
	条石	m3		
	块石	m3	69.88	
	碎石	m3	57.57	
	大卵石	m3		

来源地	百分比	预算价	备注
来源地1	100	108.36136	

工序名称	编号	名称	计算公式	手输	单价	调整系数	摊销率	合计
覆盖层开挖		覆盖层开挖		□	9.78	0.062	100	0.60636
碎石原料开采		碎石原料开采		□	17.77	1.2	100	21.324
碎石原料运输		碎石原料运输		□	7.53	1.2	100	9.036
制砂		制砂		□	36.17	1.5	100	54.255
成品料运输		成品料运输		□	23.14	1	100	23.14

图 2-95　砂石料单价界面

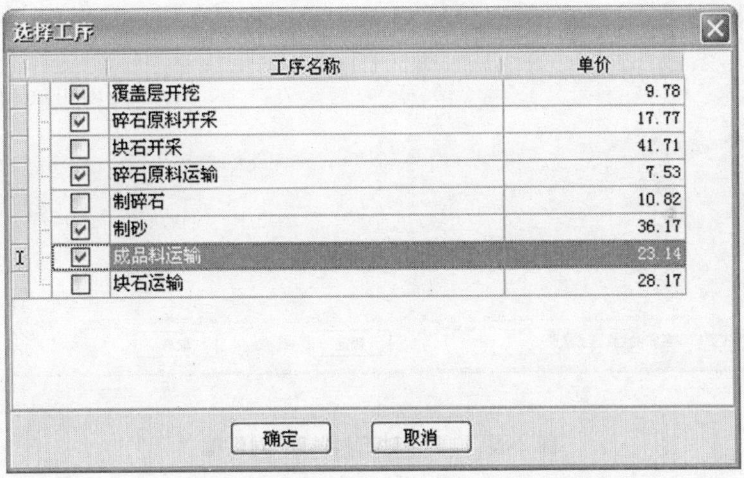

	工序名称	单价
☑	覆盖层开挖	9.78
☑	碎石原料开采	17.77
□	块石开采	41.71
☑	碎石原料运输	7.53
□	制碎石	10.82
☑	制砂	36.17
☑	成品料运输	23.14
□	块石运输	28.17

图 2-96　“选择工序”窗口

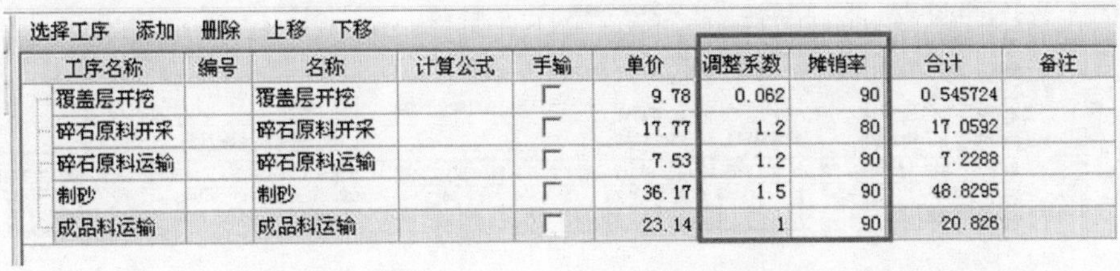

工序名称	编号	名称	计算公式	手输	单价	调整系数	摊销率	合计	备注
覆盖层开挖		覆盖层开挖		□	9.78	0.062	90	0.545724	
碎石原料开采		碎石原料开采		□	17.77	1.2	80	17.0592	
碎石原料运输		碎石原料运输		□	7.53	1.2	80	7.2288	
制砂		制砂		□	36.17	1.5	90	48.8295	
成品料运输		成品料运输		□	23.14	1	90	20.826	

图 2-97　填写工序调整系数和摊销率

(4)材料关联,见图 2-98、图 2-99。

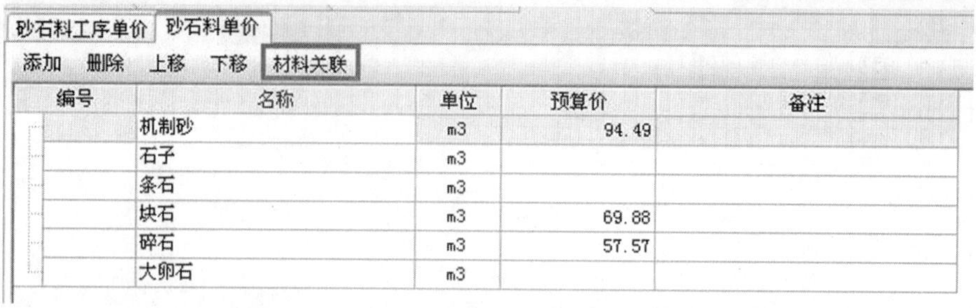

图 2-98　材料关联

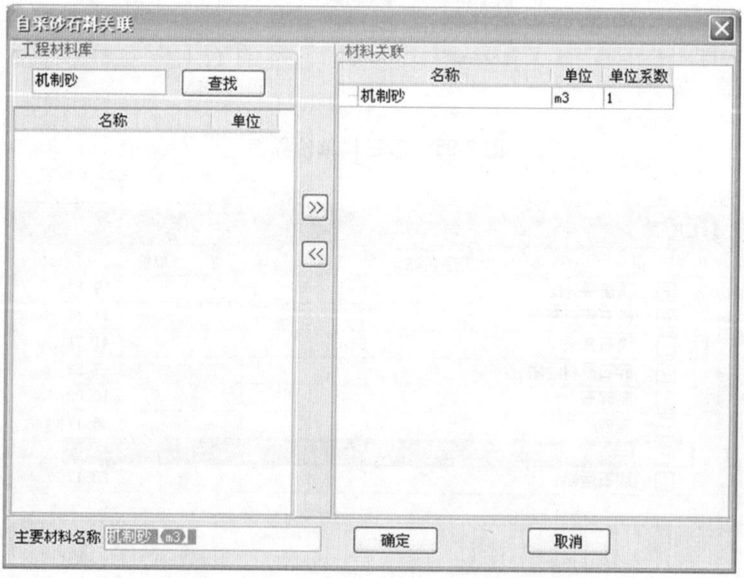

图 2-99　“自采砂石料关联”对话框

(5)回到“基础单价编制”—“材料”—“材料”界面,通过自采砂石料关联的材料,预算价格子变成黄色,自动勾选主要材料,材料行为粉色,见图 2-100。

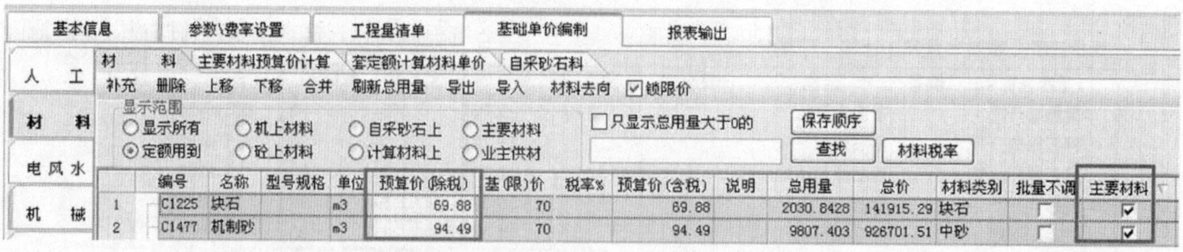

图 2-100　自采砂石料关联后的材料行

9.4 电风水预算价格的计算

9.4.1 施工用电预算价计算

施工用电价格根据施工组织设计确定的供电方式以及不同电源的电量所占比例计算,采用综合电价。

电网电价由基本电价、电能损耗摊销费和供电设施维修摊销费组成,其中基本电价按湖南省规定的电网电价及规定的加价进行计算。

电价计算公式:

$$\text{电网电价}=\text{基本电价}\div(1-\text{高压输电线路损耗率})\div(1-\text{变配电设备及配电线路损耗率})+\text{供电设施维修摊销费(变配电设备除外)}$$

柴油发电机供电如自设水泵供冷却水,电价计算公式为:

$$\text{柴油发电机供电价格}=\frac{\text{柴油发电机组(台)时总费用}+\text{水泵组(台)时总费用}}{\text{柴油发电机额定容量之和}\times K}\div(1-\text{厂用电率})\div(1-\text{变配电设备及配电线路损耗率})+\text{供电设施维修摊销费}$$

柴油发电机供电如采用循环冷却水,不用水泵,电价计算公式为:

$$\text{柴油发电机供电价格}=\frac{\text{柴油发电机组(台)时总费用}}{\text{柴油发电机额定容量之和}\times K}\div(1-\text{厂用电率})\div(1-\text{变配电设备及配电线路损耗率})+\text{单位循环冷却水费}+\text{供电设施维修摊销费}$$

式中,K 为发电机出力系数,一般取0.8~0.85;厂用电率取4%~5%;高压输电线路损耗率取4%~5%;变配电设备及配电线路损耗率取5%~7%;供电设施维修摊销费取0.04~0.05元/kWh;单位循环冷却水费取0.05~0.07元/kWh。

$$\text{综合电价}=\text{电网电价}\times\text{供电比例}(A\%)+\text{柴油发电机供电价格}\times\text{供电比例}(1-A\%)$$

(1)把“直接填写”前的“√”去掉,软件默认是打“√”的,见图2-101。

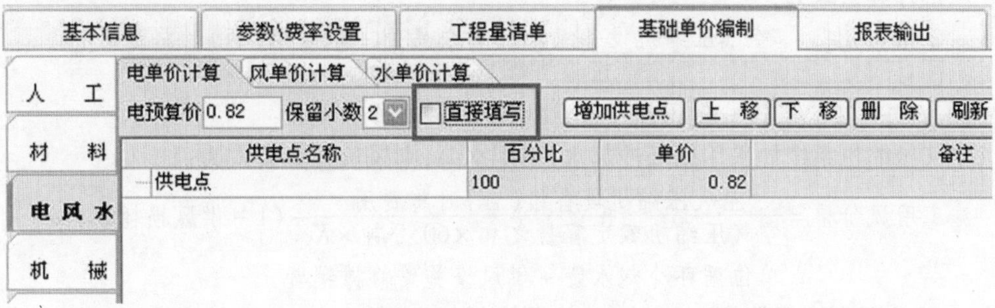

图2-101 电单价计算

(2)填好电网供电和柴油机发电的百分比,其他系数软件已经默认好,可以根据实际情况修改,见图2-102。

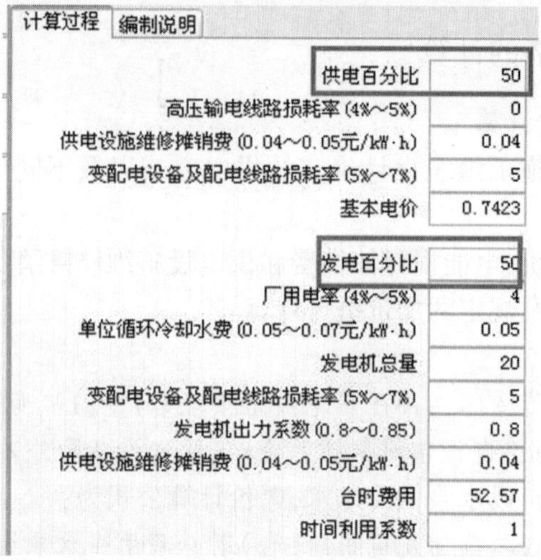

图 2-102　电单价计算过程

(3)添加发电机械,输入发电机台数和发电机额定量(见图 2-103)。如果是 100% 供电,没有自发电就无须添加发电机械。

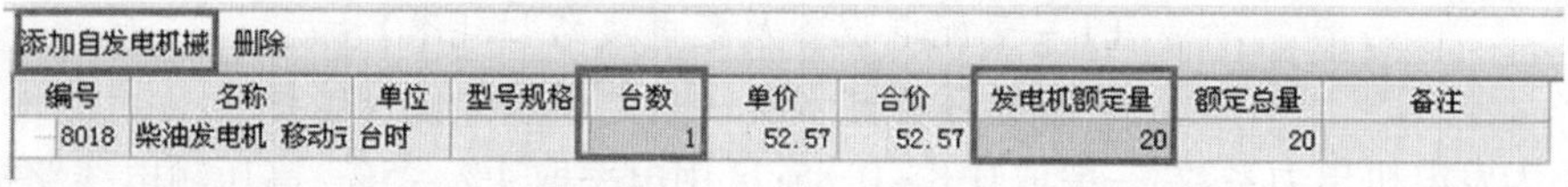

图 2-103　添加自发电机械

9.4.2　施工用风预算价计算

施工用风价格由基本风价、供风损耗和供风设施维修摊销费组成,根据施工组织设计所配置的空气压缩机设备组(台)时总费用和组(台)时总有效供风量计算。

风价计算公式为:

$$施工用风价格 = \frac{空气压缩机设备组(台)时总费用 + 水泵组(台)时总费用}{空气压缩机额定容量之和 \times 60 分钟 \times K} \div (1 - 供风损耗率) + 供风设施维修摊销费$$

空气压缩机系统如采用循环冷却水,不用水泵,则风价计算公式为:

$$施工用风价格 = \frac{空气压缩机设备组(台)时总费用}{空气压缩机额定容量之和 \times 60 分钟 \times K} \div (1 - 供风损耗率) + 单位循环冷却水费 + 供风设施维修摊销费$$

式中,K 为能量利用系数,取 0.70 ~ 0.85;供风损耗率取 8% ~ 10%;单位循环冷却水费取 0.007 元/m^3;供风设施维修摊销费取 0.004 ~ 0.005 元/m^3。

(1)把"直接填写"前的"√"去掉,软件默认是打"√"的,见图 2-104。

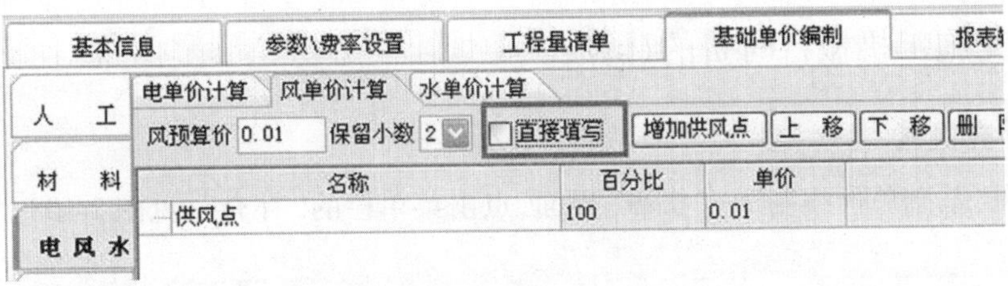

图 2-104　风单价计算

(2)添加供风机械,并填好机械台数和额定供风量,见图 2-105。

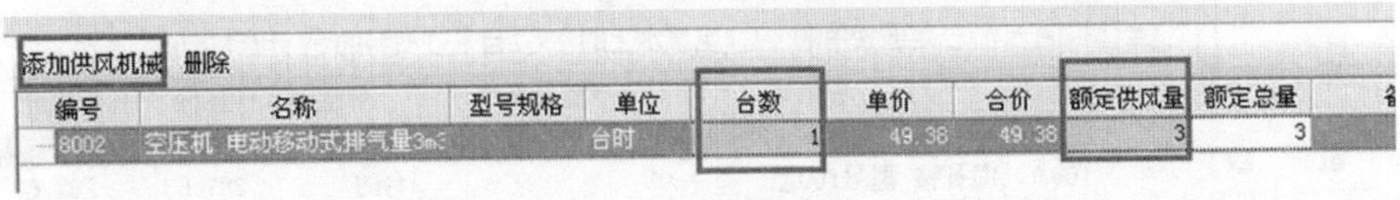

图 2-105　添加供风机械

9.4.3　施工用水预算价计算

施工用水价由基本水价、供水损耗和供水设施维修摊销费组成,根据施工组织设计所配置的供水系统设备组(台)时总费用和组(台)时总有效供水量计算。

水价计算公式为:

$$施工用水价格 = \frac{水泵组(台)时总费用}{水泵设计容量之和 \times K} \div (1 - 供水损耗率) + 供水设施维修摊销费$$

式中,K 为能量利用系数,取 0.75 ~ 0.85;供水损耗率取 8% ~ 10%;供水设施维修摊销费取 0.04 ~ 0.05 元/m^3。

(1)把"直接填写"前的"√"去掉,软件默认是打"√"的,见图 2-106。

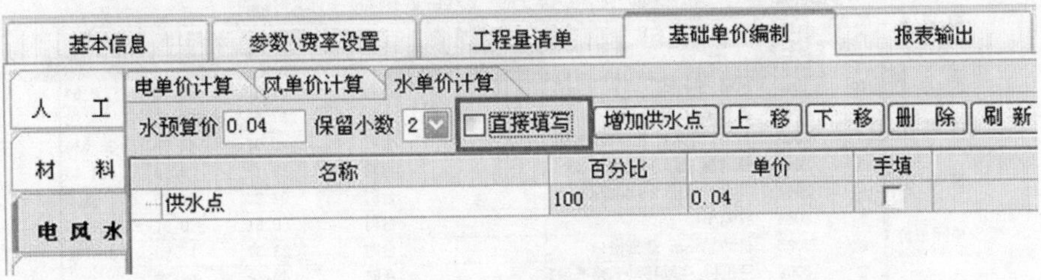

图 2-106　水单价计算

(2)添加供水机械,并填好机械台数和水泵额定量,见图 2-107。

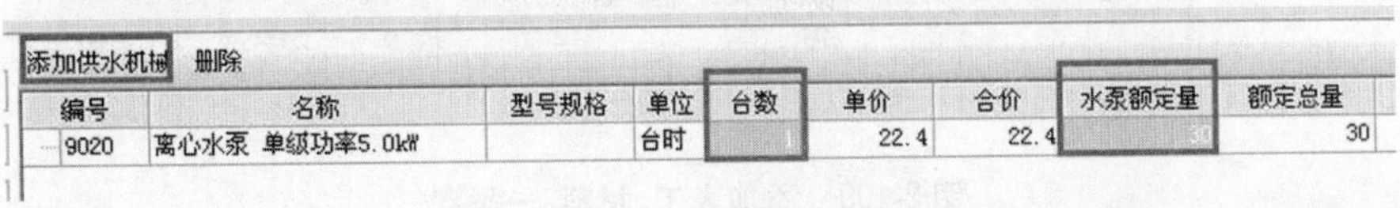

图 2-107　添加供水机械

9.5 补充施工机械台时费的计算

9.5.1 补充机械

(1)在“基础单价编制”—“机械”界面,点击菜单栏的“补充”,见图 2-108。

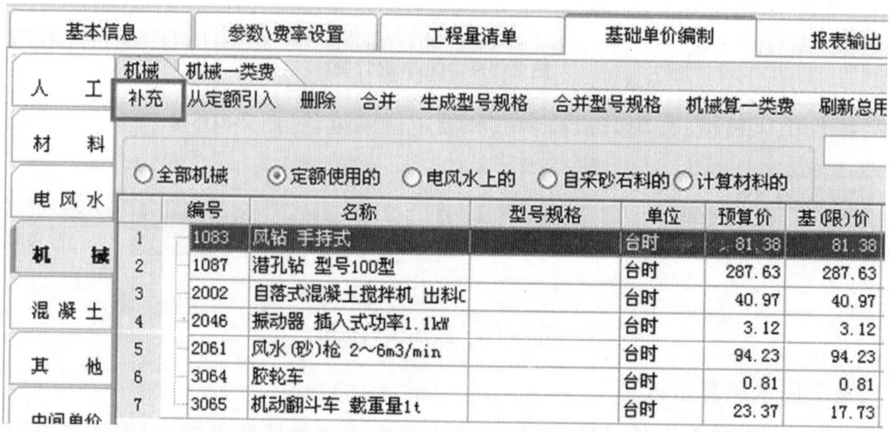

图 2-108 补充机械

(2)填好补充机械的编号、机械名称、单位并且点击下方的按钮添加人工、材料、一类费,见图 2-109。

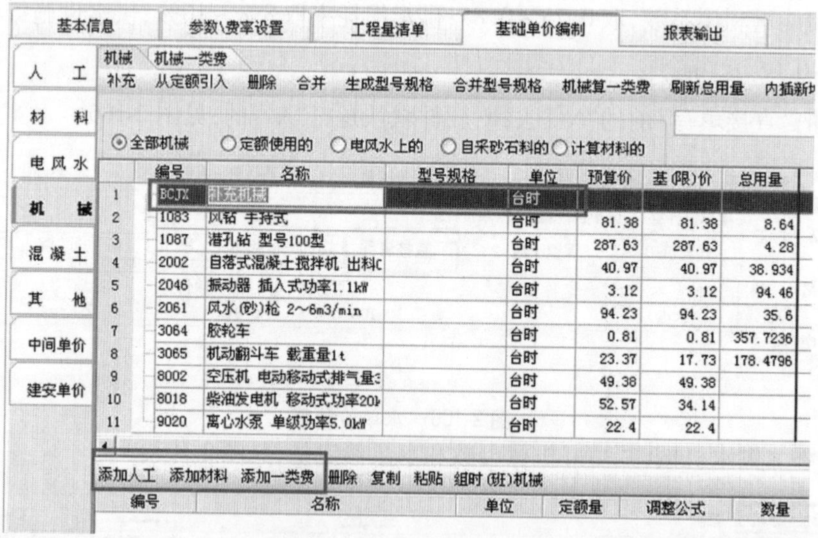

图 2-109 添加人工、材料、一类费

(3)添加完人工、材料、一类费后,在“调整公式”或者“数量”列填入数量,见图 2-110。

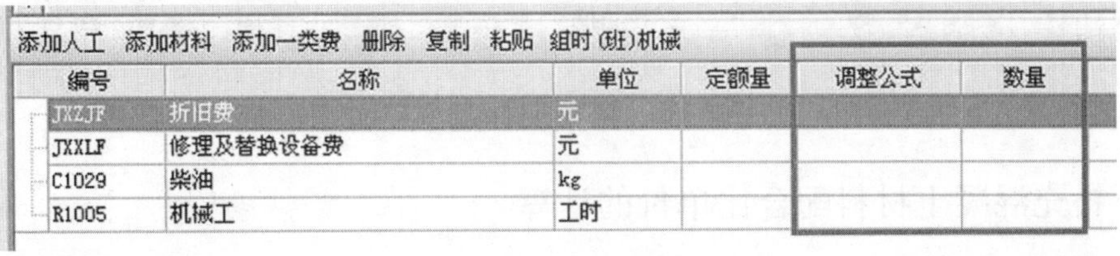

图 2-110　填入数量

9.5.2　内插新增机械

水利工程机械定额标准中,有的机械型号太大,有的型号太小,需要补充一个不大不小、中间规格的机械型号。自编补充机械组成用量计算麻烦。软件提供“内插新增”功能,即同时选择大型号与小型号两种机械,录入中间标准,系统自动内插计算生成新的机械型号。如汽车起重机,定额标准型号有 50 t 的与 70 t 的,没有 60 t 的,需要内插新增一个 60 t 的起重机型号。操作如下:

(1)在“基础单价编制”—“机械”界面,点击菜单栏的“内插新增”,见图 2-111。

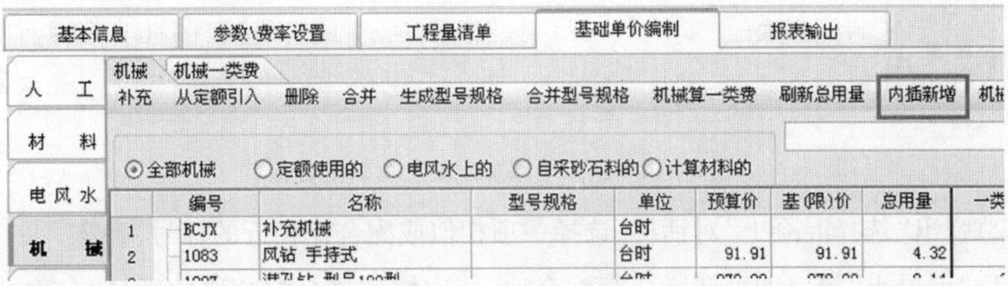

图 2-111　内插新增机械

(2)在“插入法增加机械”对话框(见图 2-112)中,选择小机械(小型号的机械)为“汽车起重机起重量 50 t”,小标准录入“50”;选择大机械(大型号机械)为“汽车起重机 起重量 70 t”,大标准录入“70”;输入标准(需要的标准型号)“60”,并输入名称“汽车起重机 起重量 60 t”。点击“确定”。内插新增的机械型号自动生成。

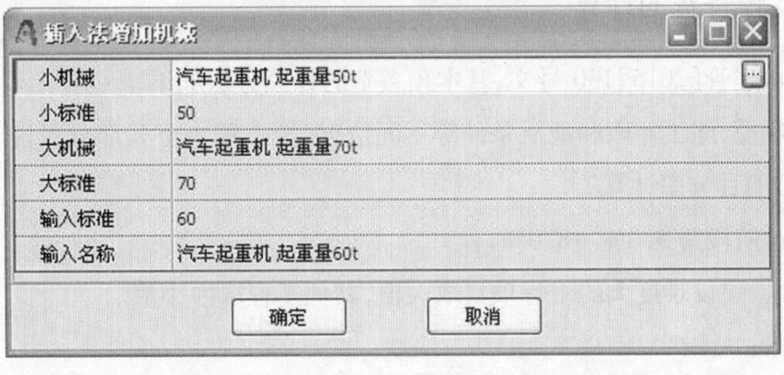

图 2-112　“插入法增加机械”对话框

(3)内插完之后,机械的编号和单位需要自己填写,见图 2-113。

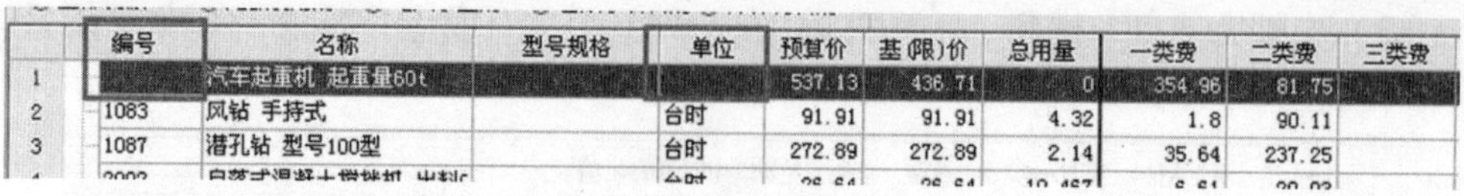

图 2-113 填写机械编号和单位

9.6 补充混凝土材料配合比单价的计算

(1)在“基础单价编制”—“混凝土”界面,点击菜单栏的“从库中添加”,见图 2-114。

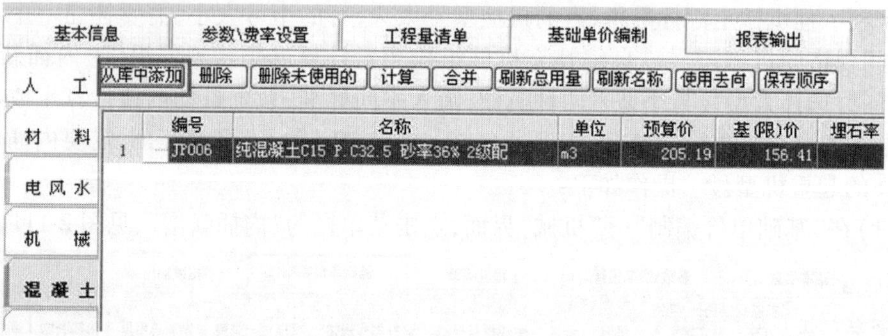

图 2-114 从库中添加混凝土材料配合比

(2)弹出“选择混凝土”对话框,选择一项相似或配合比相近的标号,确定。

(3)“混凝土”窗口即可新增一行配合比,依次修改这个配合比的编号、名称,以及组成这个配合比的砂、石、水、水泥等用量。

任务 10 基本预备费与价差预备费的计算

10.1 基本预备费的计算

根据湘水建管〔2015〕130 号文,基本预备费的计算方法如下。

据工程规模、施工年限和地质条件等不同情况,按工程一至五部分投资合计(依据分年度投资表)的百分率计算。

初步设计阶段为 5.0% ~8.0%。

技术复杂、建设难度大的工程项目取大值,其他工程取中小值。

软件操作:

(1)在“工程量清单”—“费用组成”界面点击分组“基本预备费”,见图 2-115。

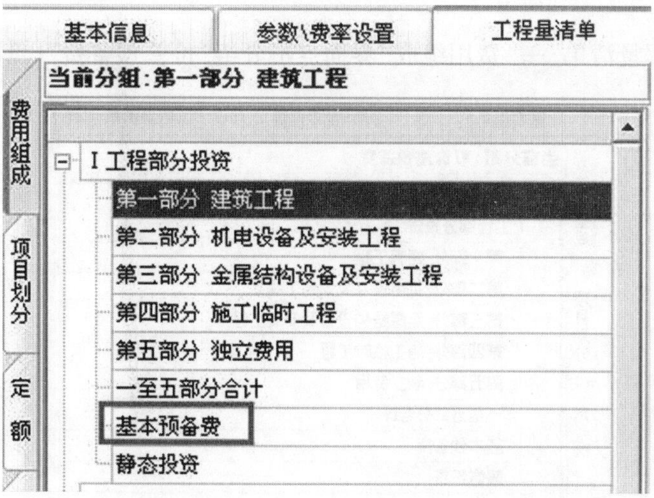

图 2-115　基本预备费计算

(2)基本预备费的计算基数软件已经设置好,费率默认设置为小值5%,可根据具体情况自行修改,见图2-116。

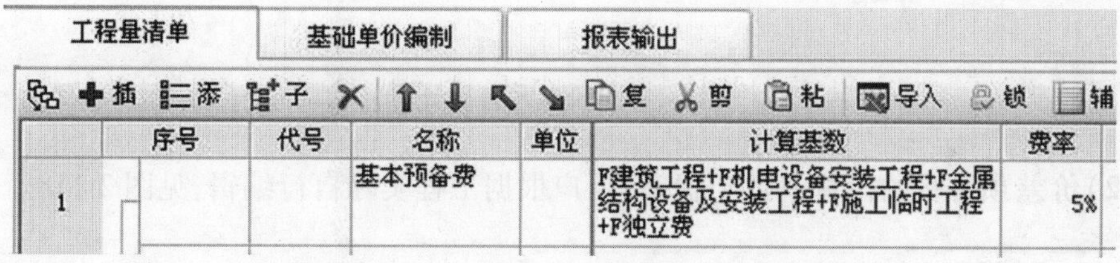

图 2-116　"计算基数"和"费率"设置

10.2　价差预备费的计算

根据湘水建管〔2015〕130号文,价差预备费的计算方法如下。

根据施工年限,以分年度投资表的静态投资为计算基数。

年度物价指数按有关部门的规定计算。

计算公式为:

$$E = \sum_{n=1}^{N} F_n[(1+P)^n - 1]$$

式中:E为价差预备费;N为合理建设工期;n为施工年度;F_n为建设期间分年投资表内第n年的投资;P为年物价指数。

软件操作：

(1)在“工程量清单”—“费用组成”界面点击分组“价差预备费”，见图 2-117。

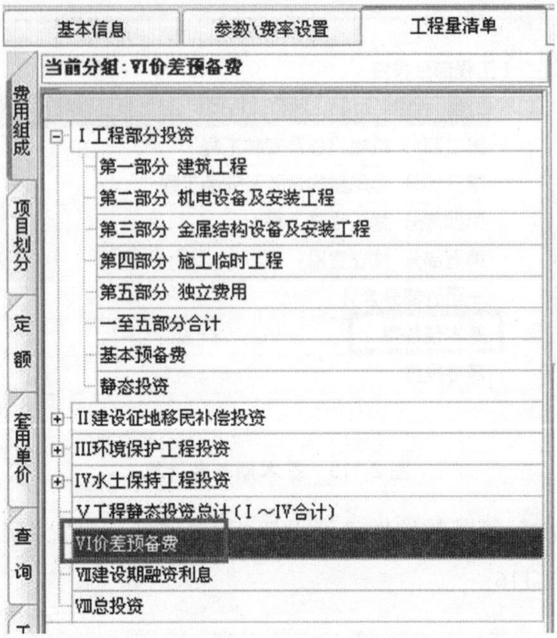

图 2-117　价差预备费计算

(2)价差预备费的计算基数与费率，用户根据工程实际自行编辑，见图 2-118。

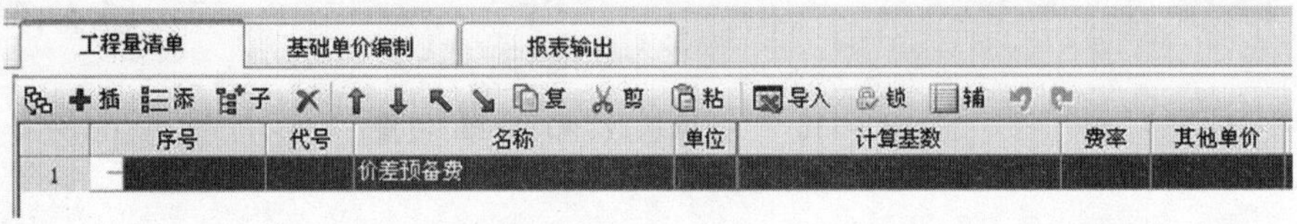

图 2-118　“计算基数”与“费率”设置

任务 11　工程部分以外的其他费用的计算

11.1　建设征地移民补偿

用户根据“建设征地与移民补偿”相关编制规定文件，计算好费用，直接录入到软件“分组定位”的“建设征地移民补偿投资”窗口的相关列表(见图 2-119)，软件自动汇总至总表。

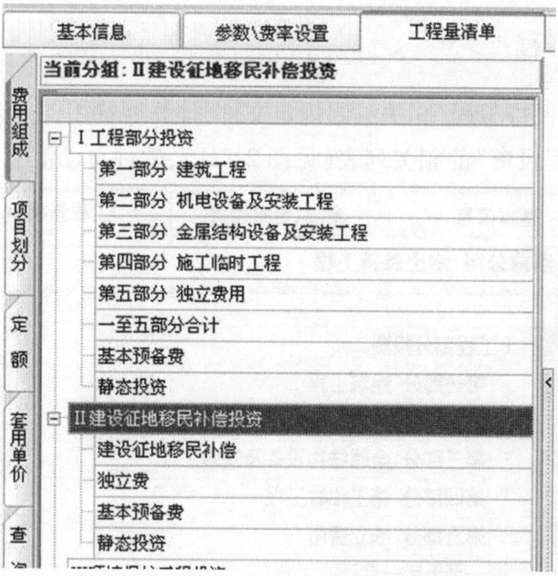

图2-119 “建设征地移民补偿投资”列表

11.2 环境保护工程

用户根据“环境保护工程”相关编制规定文件，计算好费用，直接录入到软件“分组定位”的“环境保护工程投资”的相关列表（见图2-120），软件自动汇总至总表。

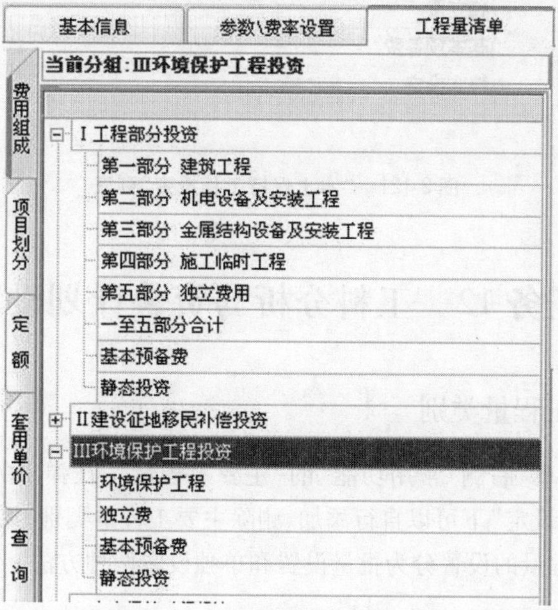

图2-120 “环境保护工程投资”列表

11.3 水土保持工程

用户根据“水土保持工程”相关编制规定文件,计算好费用,直接录入到软件“分组定位”的“水土保持工程投资”的相关列表(见图2-121),软件自动汇总至总表。

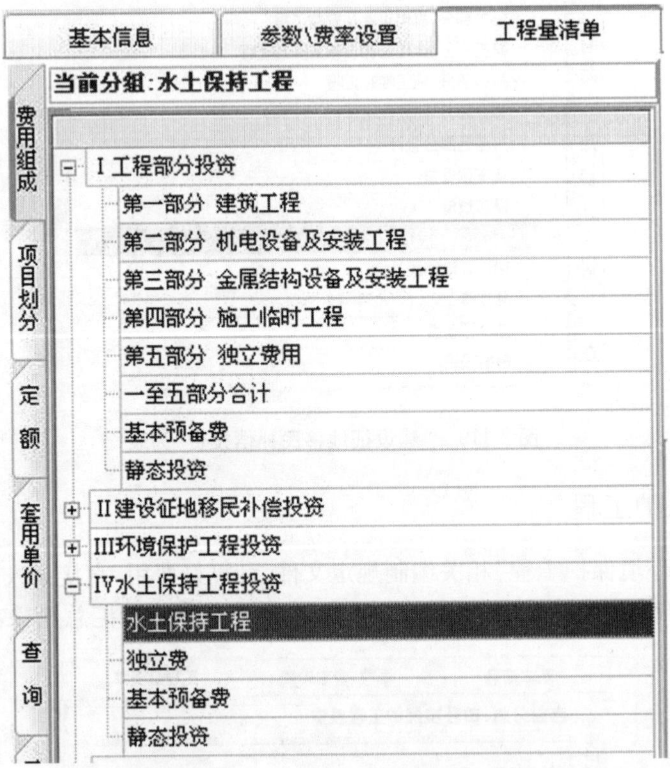

图2-121 “水土保持工程投资”列表

任务12 工料分析与资金计划设置

12.1 设置主要工程量类别

点击“工程量清单”右侧“常用功能”的“主要工程量”,在弹出的“主要工程量”窗口的“待选主要工程量设定”下可以自行添加、删除主要工程量类别,见图2-122。

清单的主要工程量的设置分为批量设置和单独设置两种方法。

12.1.1 **批量设置**

(1)在“工程属性”窗口中将“套用单价套用主要工程量”改为“是”,见图2-123。

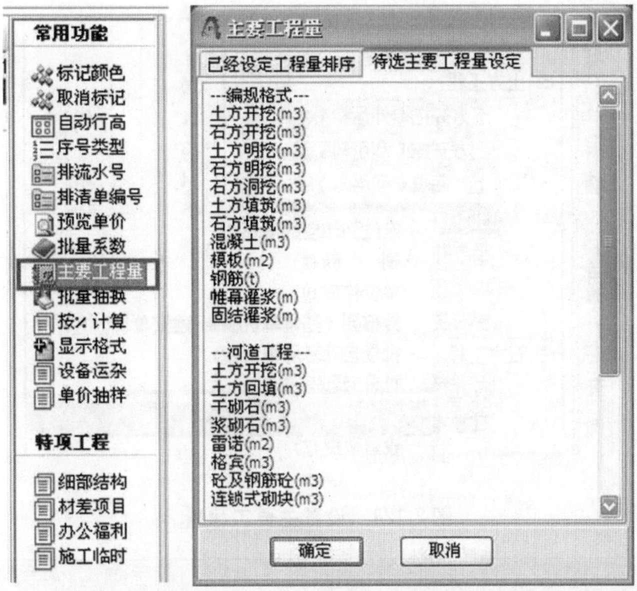

图 2-122　设置主要工程量类别

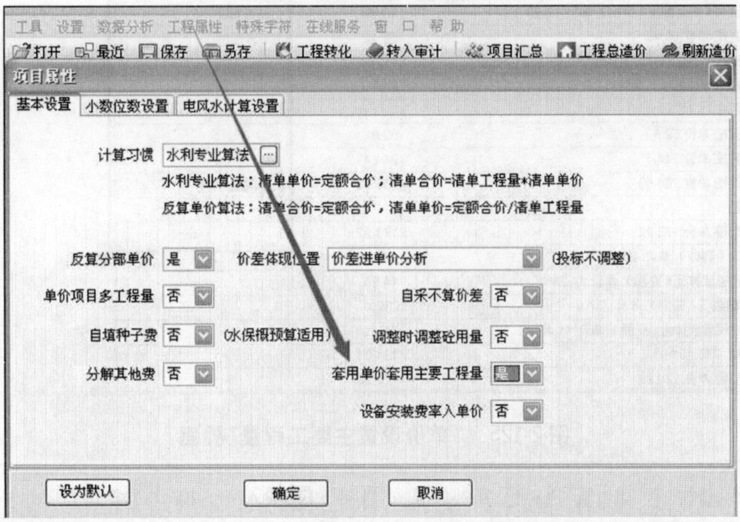

图 2-123　“项目属性”窗口

(2)点击“套用单价”,在任意一个单价上右击,选择“设置主要工程量”,见图 2-124。

(3)在弹出的界面上设置好主要工程量,见图 2-125。

(4)这样套用单价的红色清单也一次性设置好了主要工程量,见图 2-126。

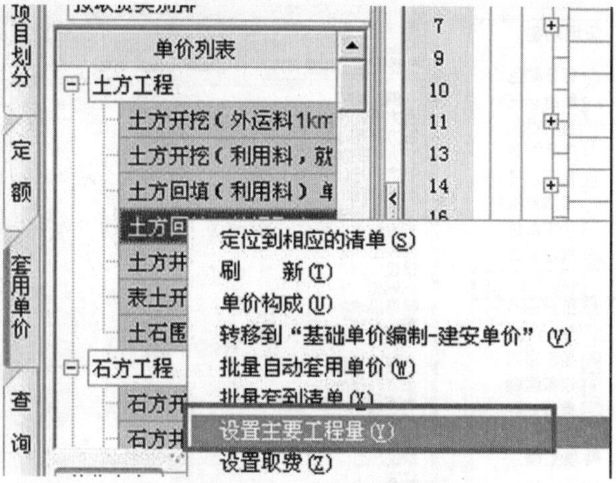

图 2-124　设置主要工程量

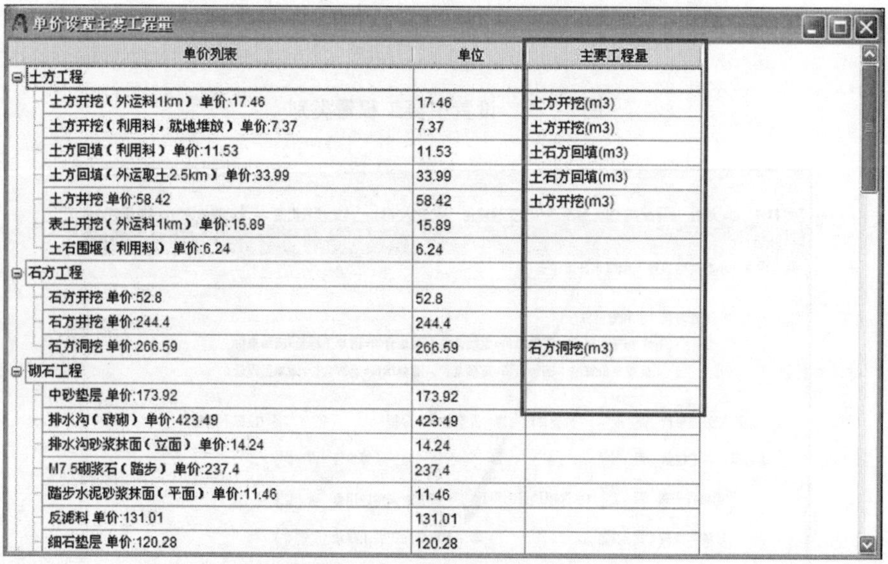

单价设置主要工程量

单价列表	单位	主要工程量
土方工程		
土方开挖（外运料1km）单价:17.46	17.46	土方开挖(m3)
土方开挖（利用料，就地堆放）单价:7.37	7.37	土方开挖(m3)
土方回填（利用料）单价:11.53	11.53	土石方回填(m3)
土方回填（外运取土2.5km）单价:33.99	33.99	土石方回填(m3)
土方井挖 单价:58.42	58.42	土方开挖(m3)
表土开挖（外运料1km）单价:15.89	15.89	
土石围堰（利用料）单价:6.24	6.24	
石方工程		
石方开挖 单价:52.8	52.8	
石方井挖 单价:244.4	244.4	
石方洞挖 单价:266.59	266.59	石方洞挖(m3)
砌石工程		
中砂垫层 单价:173.92	173.92	
排水沟（砖砌）单价:423.49	423.49	
排水沟砂浆抹面（立面）单价:14.24	14.24	
M7.5砌浆石（踏步）单价:237.4	237.4	
踏步水泥砂浆抹面（平面）单价:11.46	11.46	
反滤料 单价:131.01	131.01	
细石垫层 单价:120.28	120.28	

图 2-125　"单价设置主要工程量"界面

编号	名称	类别	单位	量计算式	工程量	主要工程量
	挡水工程	清				
	坝基工程	清				
	钻帷幕灌浆孔（土层）	清	m	1567	1567	帷幕灌浆(m)
	钻帷幕灌浆孔（岩层）	清	m	3187	3187	帷幕灌浆(m)
	帷幕灌浆	清	m	3336	3336	帷幕灌浆(m)
	钻检查孔（土层）	清	m	157	157	帷幕灌浆(m)
	钻检查孔（岩层）	清	m	319	319	帷幕灌浆(m)

图 2-126　设置完成

12.1.2　单独设置

点击“查询”，输入清单名称查询之后右击，选择“统一设置主要工程量”，这样刚才查询的清单的主要工程量就都设置好了，见图 2-127。

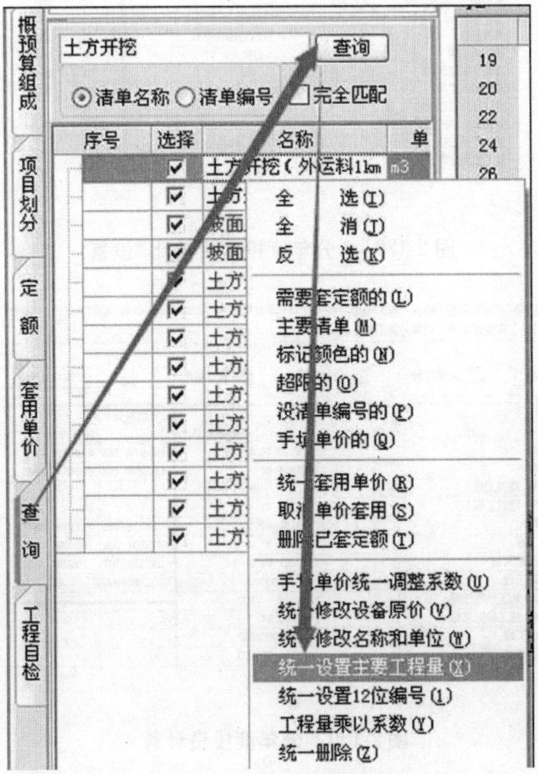

图 2-127　统一设置主要工程量

12.2　设置施工进度计划

(1)点击菜单栏的“工程总造价”，见图 2-128。

图 2-128　“工程总造价”菜单栏

(2)切换到“分年度投资表”，填上百分比，见图 2-129。

(3)点击“计算”按钮，然后勾选“显示投资”，可看到每年的投资金额，见图 2-130、图 2-131。

编号	名称	合计	未分配百分比	1	2	3	4	5
I	工程部分	25725413.86	0	70	30			
一	建筑工程	22095414.21						
1	第一部分 建筑工程		0	70	30			
	第一部分 建筑工程	20648700.87						
一	渠道工程	12473166.99	0	70	30			
二	建筑物工程	6965552.87	0	70	30			
三	其他小型建筑物	352981.01	0	70	30			
四	其他建筑工程	857000	0	70	30			
2	第四部分 施工临时工程		100					
	第四部分 施工临时工程	1446713.34						
一	施工交通工程	750000	100					
二	施工房屋建筑工程	476071.57	100					

图 2-129 “分年度投资百分比”设置

编号	名称	合计	未分配百分比	1	2	3	4	5
I	工程部分	25725413.86	0	14454090.609	6194610.261			
一	建筑工程	22095414.21		14454090.609	6194610.261			
1	第一部分 建筑工程		0					
	第一部分 建筑工程	20648700.87						
一	渠道工程	12473166.99	0	8731216.893	3741950.097			
二	建筑物工程	6965552.87	0	4875887.009	2089665.861			
三	其他小型建筑物	352981.01	0	247086.707	105894.303			
四	其他建筑工程	857000	0	599900	257100			
2	第四部分 施工临时工程		100					
	第四部分 施工临时工程	1446713.34						
一	施工交通工程	750000	100					
二	施工房屋建筑工程	476071.57	100					

图 2-130 分年度投资计算

分年度投资表

单位:万元

编号	项目	合计	建 设 工 期(年)					
			1	2	3	4	5	6
I	工程部分	2572.54	1445.41	619.46				
一	建筑工程	2209.54	1445.41	619.46				
1	第一部分 建筑工程							
	第一部分 建筑工程	2064.87						
一	渠道工程	1247.32	873.12	374.20				
二	建筑物工程	696.56	487.59	208.97				
三	其他小型建筑物	35.3	24.71	10.59				
四	其他建筑工程	85.7	59.99	25.71				
2	第四部分 施工临时工程							
	第四部分 施工临时工	144.67						

图 2-131 “分年度投资表”输出效果

任务13 报表的编辑和输出

13.1 报表的组成

(1)总概算表。

(2)工程部分概算表,包括工程部分总概算表、建筑工程概算表、机电设备及安装工程概算表、金属结构设备及安装工程概算表、施工临时工程概算表、独立费用概算表、分年度投资表。

(3)概算附表,包括建筑工程单价汇总表、安装工程单价汇总表、主要材料预算价格汇总表、施工机械台时费汇总表、主要工程量汇总表、主要材料量汇总表。

(4)概算附件附表,包括主要材料运输费用计算表、主要材料预算价格计算表、混凝土及砂浆材料单价计算表、施工机械台时费计算表、建筑工程单价表、安装工程单价表。

13.2 界面认知

点击“报表输出”,“报表输出”界面主要分为“系统报表”“工程报表”“报表预览”三个窗口,见图2-132。

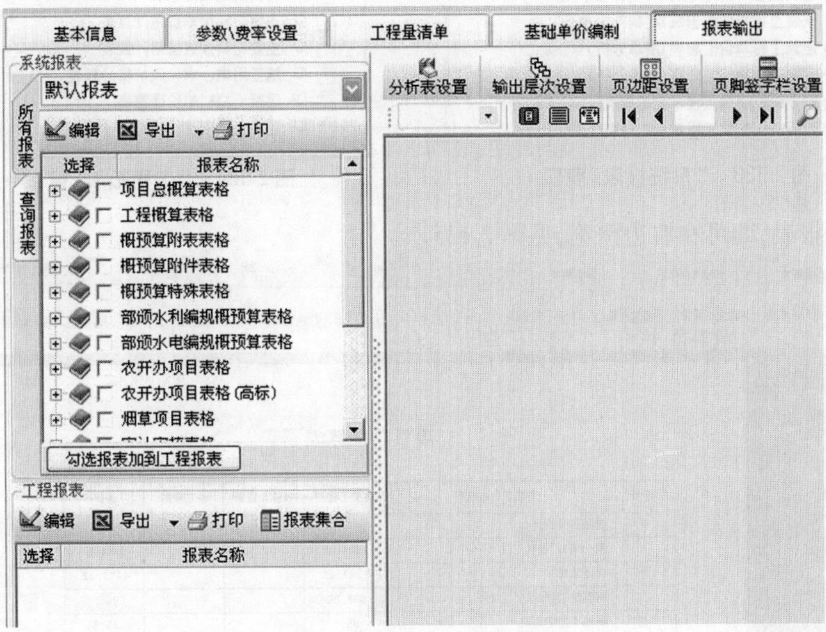

图2-132 “报表输出”界面

“系统报表”为软件自带的报表,双击即可预览报表,见图2-133。

“查询报表”可以根据关键字来查询报表。

“工程报表”默认为空,可在系统报表里勾选需要的报表,然后添加到工程报表,见图2-134。

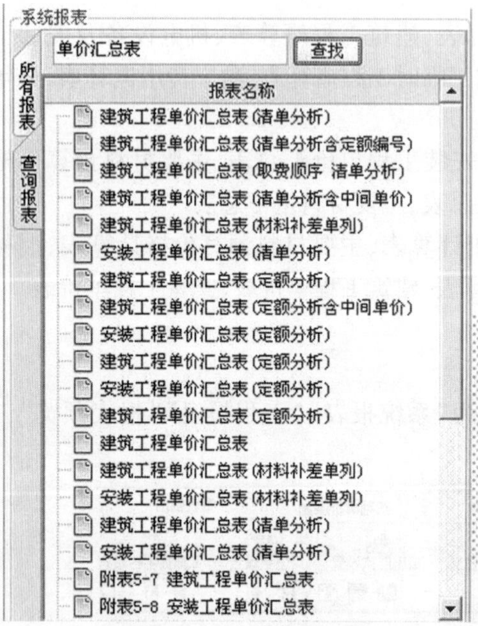

图 2-133 “系统报表”窗口

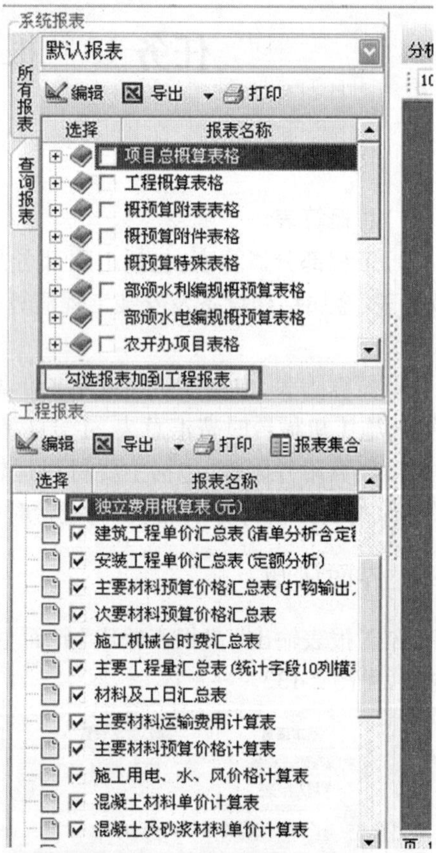

图 2-134 “工程报表”窗口

双击报表,即可在右边预览,见图 2-135。

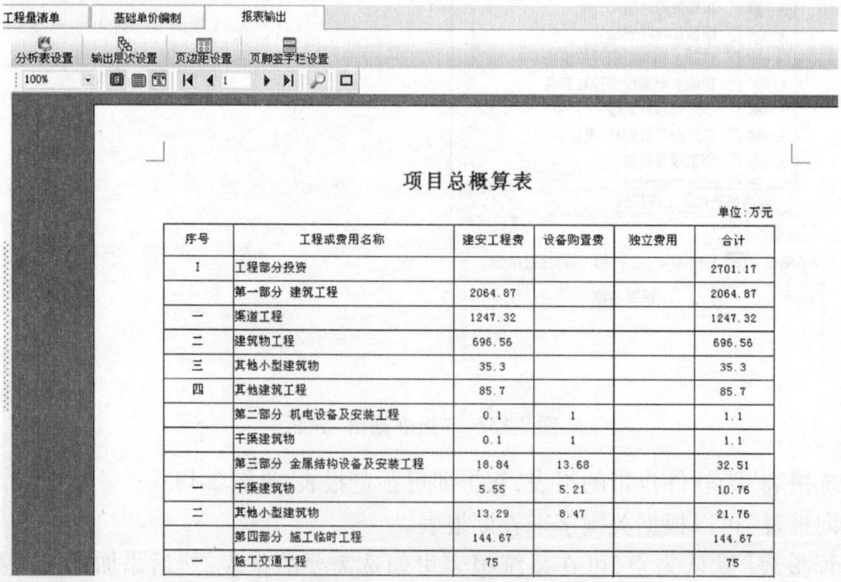

项目总概算表

单位:万元

序号	工程或费用名称	建安工程费	设备购置费	独立费用	合计
I	工程部分投资				2701.17
	第一部分 建筑工程	2064.87			2064.87
一	渠道工程	1247.32			1247.32
二	建筑物工程	696.56			696.56
三	其他小型建筑物	35.3			35.3
四	其他建筑工程	85.7			85.7
	第二部分 机电设备及安装工程	0.1	1		1.1
	干渠建筑物	0.1	1		1.1
	第三部分 金属结构设备及安装工程	18.84	13.68		32.51
一	干渠建筑物	5.55	5.21		10.76
二	其他小型建筑物	13.29	8.47		21.76
	第四部分 施工临时工程	144.67			144.67
一	施工交通工程	75			75

图 2-135 报表预览

13.3 报表的编辑

不建议在系统报表编辑报表,可以把报表添加到工程报表后进行编辑。

(1)修改名称: 右击报表—“修改名称”(见图2-136),弹出“修改报表名称”对话框(见图2-137)。

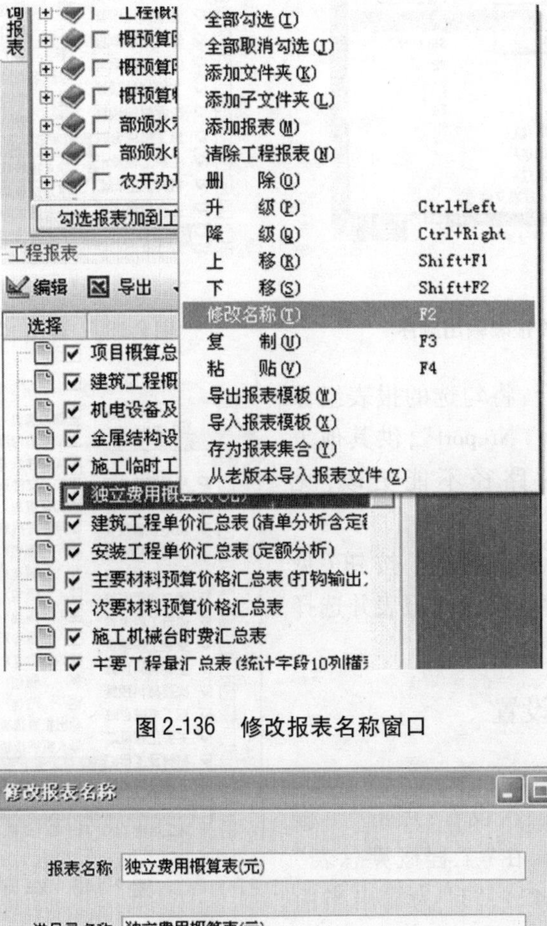

图2-136 修改报表名称窗口

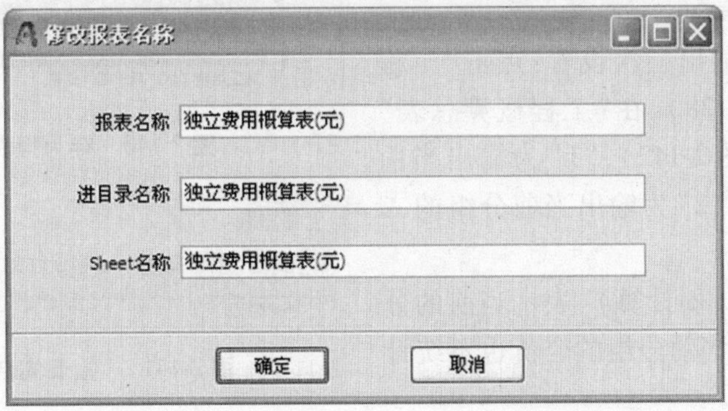

图2-137 “修改报表名称”对话框

(2)上移、下移:右击报表—“上移”/“下移”,修改表格输出的先后顺序,见图2-138。

(3)导出报表模板、导入报表模板:将勾选的表格导出保存为“ *. Nreport”文件,供其他工程或其他计算机导入使用,见图2-139。

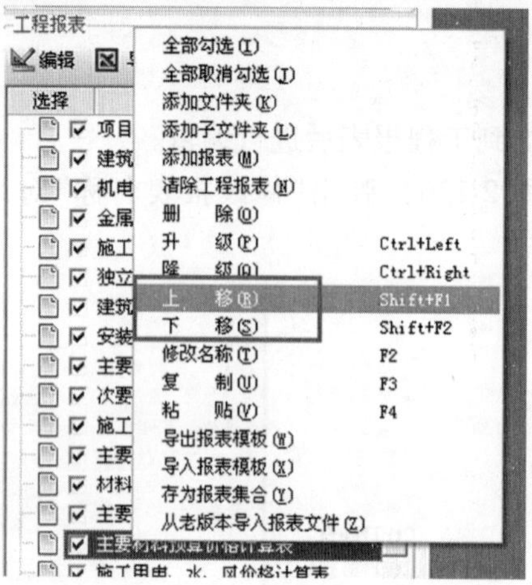

图 2-138　修改报表输出顺序

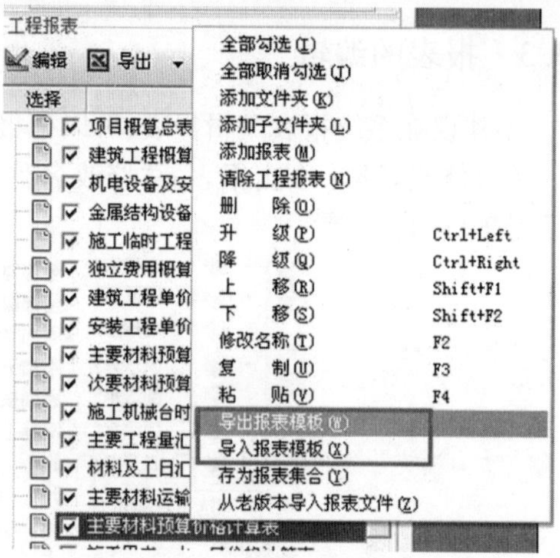

图 2-139　导出、导入报表模板

(4)存为报表集合：将勾选的报表组保存为报表集合文件“＊.Nreport”，供其他工程导入使用，保存时路径不能更改，见图 2-140。

保存之后点击“报表集合”按钮(见图 2-141)，可以看到存为集合的报表并选择使用。

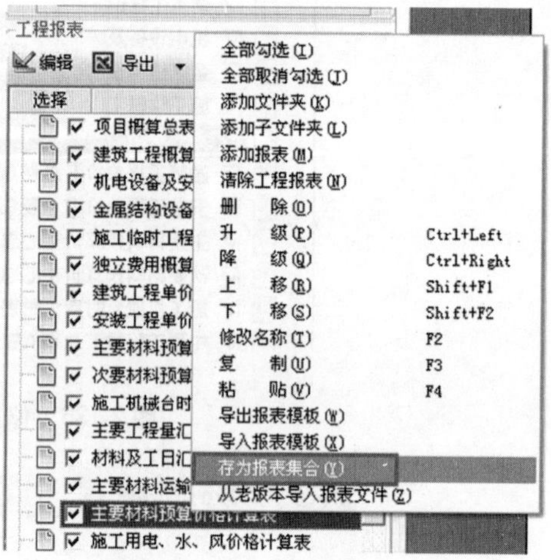

图 2-140　存为报表集合

图 2-141　“报表集合”按钮

13.4　常用报表的设置

13.4.1　概算总表

概算总表的输出层次设置：点击“工程总造价”(同图 2-128)，在“工程概算总表”列选择数字(见图 2-142)，“1”为输出当前分组的一层清单，“2”为输出当前分组的二层清单。

勾选“不打印(不计算)”表示当前的分组不在报表显示，当前分组的合价也不统计到总造价。

勾选“不打印要算”表示当前的分组不在报表显示，但是当前分组的合价依然会统计到总造价，见图 2-142。

13.4.2　工程部分总概算表

点击“工程总造价”，在“总概算表”列选择数字，“1”为输出当前分组的一层清单，“2”为输出当前分组的二层清单，见图 2-143。

概预算 | 分年度投资 | 分年度投资1 | 资金流量表 | 概算分类汇总 | 关闭窗口

编号	名称	建安	设备	其他	合计	输出层次 工程概算总表	总概算表	不打印 不打印(不计算)	不打印要算
I	工程部分投资	22284818.33	146774.86	5375160.93	27806754.12	0	0	☐	☐
	第一部分 建筑工程	20648700.87			20648700.87	1	1	☐	☐
	第二部分 机电设备及	1031.85	10000		11031.85	1	1	☐	☐
	第三部分 金属结构设	188372.27	136774.86		325147.13	1	1	☐	☐
	第四部分 施工临时工	1446713.34			1446713.34	1	1	☐	☐
	第五部分 独立费用			3293820.67	3293820.67	1	1	☐	☐
	一至五部分合计			25725413.86	25725413.86	0	0	☐	☐
	基本预备费			1286270.69	1286270.69			☐	☐
	静态投资			27011684.55	27011684.55	0	0	☐	☐
II	建设征地移民补偿投资					0	0	☐	☐
	建设征地移民补偿					0	0	☐	☑
	独立费					0	0	☐	☑
	基本预备费					0	0	☐	☑
	静态投资					0	0	☐	☐
III	环境保护工程投资					0	0	☐	☐
	环境保护工程					0	0	☐	☑
	独立费					0	0	☐	☑
	基本预备费					0	0	☐	☑
	静态投资					0	0	☐	☐
IV	水土保持工程投资					0	0	☐	☐
	水土保持工程					0	0	☐	☑
	独立费					0	0	☐	☑
	基本预备费					0	0	☐	☑
	静态投资					0	0	☐	☐
V	工程静态投资总计(I			27011684.55	27011684.55	0	0	☐	☐
VI	价差预备费					0	0	☐	☐
VII	建设期融资利息					0	0	☐	☐
VIII	总投资			27011684.55	27011684.55	0	0	☐	☐

图 2-142 概算总表输出层次设置

概预算 | 分年度投资 | 分年度投资1 | 资金流量表 | 概算分类汇总 | 关闭窗口

编号	名称	建安	设备	其他	合计	输出层次 工程概算总表	总概算表	不打印 不打印(不计算)	不打印要算
I	工程部分投资	22284818.33	146774.86	5375160.93	27806754.12	0	0	☐	☐
	第一部分 建筑工程	20648700.87			20648700.87	1	1	☐	☐
	第二部分 机电设备及	1031.85	10000		11031.85	1	1	☐	☐
	第三部分 金属结构设	188372.27	136774.86		325147.13	1	1	☐	☐
	第四部分 施工临时工	1446713.34			1446713.34	1	1	☐	☐
	第五部分 独立费用			3293820.67	3293820.67	1	1	☐	☐
	一至五部分合计			25725413.86	25725413.86	0	0	☐	☐
	基本预备费			1286270.69	1286270.69			☐	☐
	静态投资			27011684.55	27011684.55	0	0	☐	☐
II	建设征地移民补偿投资					0	0	☐	☐
	建设征地移民补偿					0	0	☐	☑
	独立费					0	0	☐	☑
	基本预备费					0	0	☐	☑
	静态投资					0	0	☐	☐
III	环境保护工程投资					0	0	☐	☐
	环境保护工程					0	0	☐	☑
	独立费					0	0	☐	☑
	基本预备费					0	0	☐	☑
	静态投资					0	0	☐	☐
IV	水土保持工程投资					0	0	☐	☐
	水土保持工程					0	0	☐	☑
	独立费					0	0	☐	☑
	基本预备费					0	0	☐	☑
	静态投资					0	0	☐	☐
V	工程静态投资总计(I			27011684.55	27011684.55	0	0	☐	☐
VI	价差预备费					0	0	☐	☐
VII	建设期融资利息					0	0	☐	☐
VIII	总投资			27011684.55	27011684.55	0	0	☐	☐

图 2-143 总概算表输出层次设置

13.4.3 主要工程量汇总表

预览主要工程量汇总表为空白时,表示没有设置主要工程量,见图 2-144。

主要工程量汇总表

序号	工程或费用名称	主要工程量						
	第一部分 建筑工程							
	第二部分 机电设备及安装工程							
	第三部分 金属结构设备及安装							
	第四部分 施工临时工程							
	合 计							

图 2-144 “主要工程量汇总表”预览

主要工程量的设置分为批量设置和单独设置两种方法。

(1)批量设置。

①在工程属性中将“套用单价套用主要工程量”改为“是”,见图 2-123。

②点击“套用单价”,在任意一个单价上右击,选择“设置主要工程量”,见图 2-124。

③在弹出的界面设置好主要工程量,见图 2-125。

④这样套用单价的红色清单也一次性设置好了主要工程量,见图 2-126。

(2)单独设置。点击“查询”,输入清单名称查询之后右击,选择“统一设置主要工程量”,这样刚才查询的清单的主要工程量就都设置好了,见图 2-127。

13.4.4 工程单价表序号设置

点击“分析表设置”—“分析表序号设置”(见图 2-145),则生成工程单价表,如图 2-146 所示。

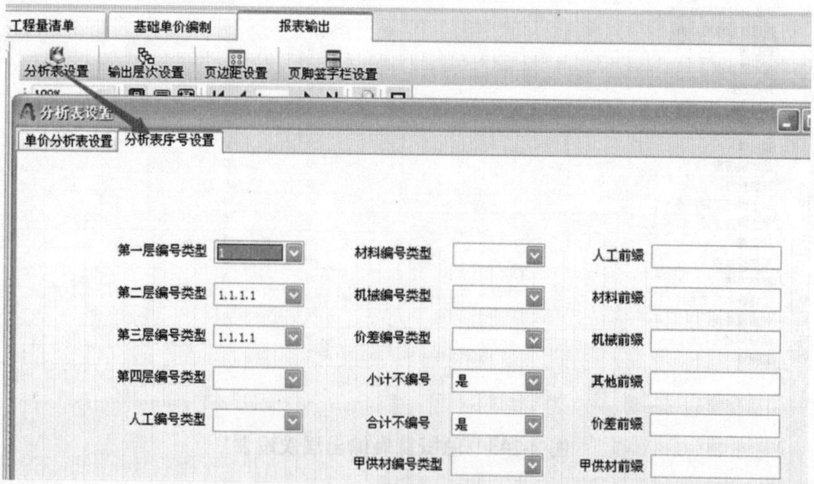

图 2-145 单价分析表序号设置

编号	名　称	单位	数　量	单价(元)	合计(元)
1	直接费	元			25522.81
1.1	基本直接费	元			23853.09
1.1.1	人工费	元			2790.37
	工长	工时	7.4	11.30	83.62
	高级工	工时	17.1	10.36	177.16
	中级工	工时	136.6	8.52	1163.83
	初级工	工时	222.8	6.13	1365.76
1.1.2	材料费	元			17079.03
	水	m^3	127	0.20	25.40
	纯混凝土C15 P.C32.5 砂率36% 2级配	m^3	107	156.25	16718.75
	其他材料费	%	2	16744.15	334.88
1.1.3	机械使用费	元			588.76
	振动器 插入式功率1.1kW	台时	18.87	2.00	37.74
	风水(砂)枪 2～6m^3/min	台时	4.71	102.61	483.29
	其他机械费	%	13	521.03	67.73
1.1.4	混凝土拌制	m^3	107	27.28	2918.68
1.1.5	混凝土运输	m^3	107	4.45	476.25
1.2	其他直接费	%	7	23853.09	1669.72
2	间接费	%	10	25522.81	2552.28

图2-146　工程单价分析表序号输出效果

13.5　报表的输出

13.5.1　报表输出

在工程报表中勾选需要输出的表格，导出 excel、word、pdf 或 wps 格式，或者直接打印输出。如图2-147所示。

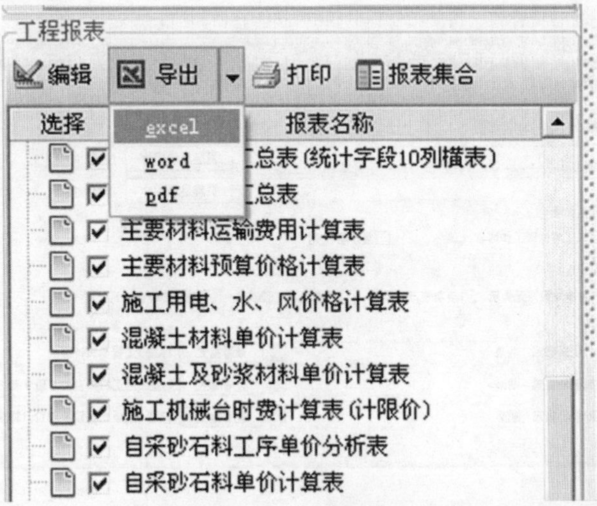

图2-147　工程报表输出

13.5.2 工程报表导出到 excel 带计算公式链接

为了方便工程数据报表的审核校对，很多用户习惯使用“excel 表格设置计算公式链接”编制水利工程概预算，也有很多用户习惯在 excel 报表中校对概预算工程数据。软件开发工程报表导出到 excel 报表中带计算公式链接功能。

点击软件主界面菜单栏“文件”菜单下拉，选择“导出到 excel 带链接”选项。如图 2-148 所示。

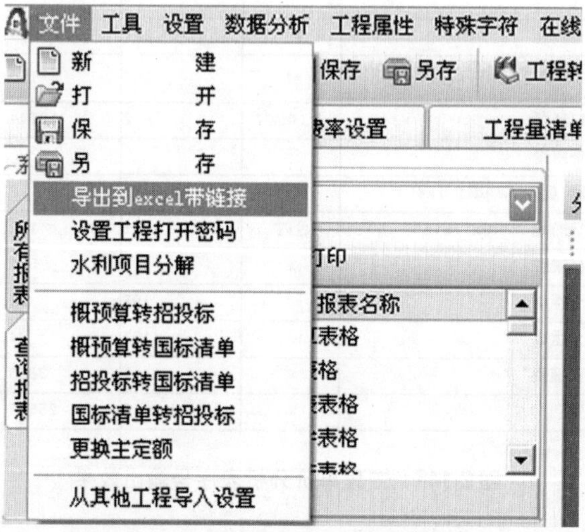

图 2-148 报表导出到 excel 带链接选项

弹出“导出到 excel 含公式链接”对话框（见图 2-149），用户自行设置相关选项，最后点击“导出到 excel”按钮。导出保存即可。

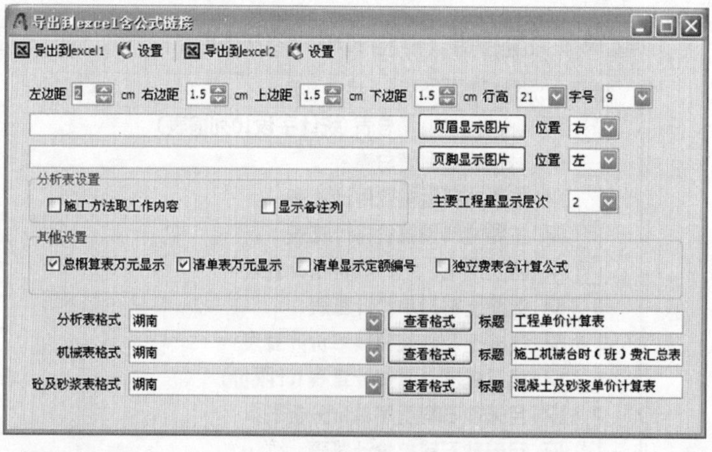

图 2-149 “导出到 excel 含公式链接“对话框

项目3　投标报价文件的编制

任务1　招标投标文件的编制流程与规则

1.1　招标投标文件编制,软件操作流程

招标投标文件编制流程见图3-1。

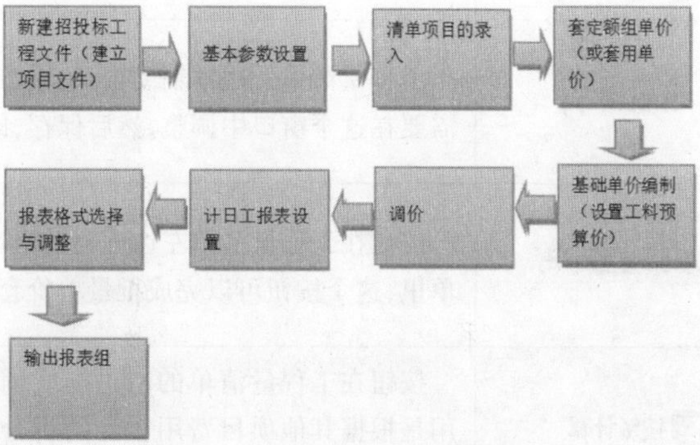

图3-1　招标投标文件编制流程

1.2　功能操作

招投标编制工作中,经常会用到以下操作,按键功能描述见表3-1。

表3-1　按键功能描述

操作	按键	功能描述
添加清单行	添	按钮位置在工程量清单主窗口窗楣上,录入清单的时候,点击这个按钮,可以在光标所在行下边添加空行,补充清单项目时,也经常使用这个按钮
添加子项	子	按钮位置在工程量清单主窗口窗楣上,录入总项目下边的清单子项,手工打字录入清单项,这个按钮经常用到
导入 Excel	导入	按钮位置在工程量清单主窗口窗楣上,若清单项目数据在 Excel\Word 文档中,需要通过这个按钮,复制粘贴到软件里边,做投标文件的时候,经常会用到这个操作
复制、剪切、粘贴	复　剪　粘	按钮位置在工程量清单主窗口窗楣上,复制、剪切、粘贴行,在编制清单项目的时候,需要用到,配合 Shift 键可以多行操作

续表 3-1

操作	按键	功能描述
补充定额	补定	按钮位置在工程量清单主窗口窗楣上，套定额组单价的时候需要用到，定额数据库中没有这个子目，为了要出单价分析表，需要补充一个自编的定额子目，需要用到这个按钮
Shift 键	键盘左下角	键盘上这个按钮，按住它，配合鼠标左键，可以多选几行，批量操作。批量复制、粘贴、删除等
升级降级		按钮位置在工程量清单主窗口窗楣上，项目层次调整时需要用到这两个按钮，配合 Shift 键，批量操作
标准换算	标准换算	工程量清单下边框辅助窗口，单独调整定额系数的时候，需要在这个窗口中调整，然后保存，即可完成调整
批量套用单价	批量自动套用单价(V)	按钮在工程量清单左边框辅助窗口的“套用单价”右键菜单里，这个按钮可以完成批量单价套用
按%计算	按%计算	按钮在工程量清单的右边框线辅助功能，有些项目的费用是根据其他项目费用合计的百分比计算，需要用这个按钮来实现
导入价格	导入单价	按钮在基础单价编制界面的材料窗口窗楣上，这个按钮可以直接一键导入地方材料市场信息价，预算价自动生成
输出层次设置	输出层次设置	按钮在报表输出界面预览窗楣上，这个按钮控制清单计价表的输出层次
分析表设置	分析表设置	按钮在报表打印窗口的预览窗楣上，单价分析表格式的很多设置，通过这个按钮完成
页脚设置	页脚签字栏设置	按钮在报表输出界面的预览窗楣上，报表的页脚签字部分，通过这个按钮修改设置

1.3 清单单价的计算原则

清单单价 × 清单工程量 = 清单合价

定额子目的合价 = 清单的单价

定额子目建安单价 × 定额子目工程量 = 定额子目的合价

单个定额使用的方法同项目2所述，在需套定额组单价时，有以下几种情况进行举例。

(1)定额子目工程量默认为“1”。

序号	编号	名称	类别	单位	量计算式	工程量	建安单价	建安合计
(二)		10%水泥土路基　厚15cm	清	m2	5647.5	5647.5	14.96	84486.6
	90018	水泥土基层　水泥含量10...	定	1000m2	1	1	14963.69	14.96
(三)		素土路肩	清	m3	847	847	8.89	7529.83
	10494	建筑物回填土石 机械夯...	定	100m3...	1	1	889.07	8.89

如上图所示，10%水泥土路基厚15 cm，5 647.5 m²，求清单每平方米的单价。

套用90018这个定额，定额单位为1 000 m²；算出来定额单价(定额建安单价)为14 963.69元。定额工程量输入“1”，表示1 m²，因为清单项需要求的是1 m²的单价。1 000 m²为14 963.69元，1 m²为14.96元(定额建安合计)。此时定额合价等于清单单价。

(2)多个定额组成一个清单单价。

序号	编号	名称	类别	单位	量计算式	工程量	建安单价	建安合计
		第一部分建筑工程	清					761231.21
一		水源工程	清					459994.87
1		土方工程	清					9927.75
		土方开挖	清	m3	1354.40	1354.4	2.23	3020.31
	10387	挖掘机挖土方 土类级...	定	100m3	0.9	0.9	234	2.11
	10001	人工挖一般土方 土类...	定	100m3	0.1	0.1	122.88	0.12
		土方回填	清	m3	1354.40	1354.4	5.1	6907.44

序号	编号	名称	类别	单位	量计算式	工程量	建安单价	建安合计
		普通标准刚模板制作、安拆	清	m2	598.66	598.66	37.75	22599.42
	50003	普通标准钢模板 制作	定	100m2	1	1	1019.99	10.2
	50004	普通标准钢模板 安装、拆除	定	100m2	1	1	2755.22	27.55

如上图所示，土方开挖1 354.40 m³，清单单位为“m³”，求“1 m³”＝“?”

根据施工工艺，90%需要机械开挖，10%需要人工开挖。就是说每“1 m³”土，机械挖“0.9 m³”，人工挖“0.1 m³”。定额10387，算出来每100 m³为234.00元，0.9 m³为 $234\div100\times0.9=2.11$(元)；定额10001，算出来每100 m³为122.88元，0.1 m³为 $122.88\div100\times0.1=0.12$(元)；清单“1 m³”$=2.11+0.12=2.23$(元)。

普通标准钢模板制作、安拆工程量为598.66 m²，求“1 m²”＝“?”

定额制作50003，算出来1 m²为10.2元；定额安拆50004，算出来1 m²为27.55元。则清单“1 m²”为37.75元。

(3)套用单位不同的定额子目组单价。

序号	编号	名称	类别	单位	量计算式	工程量	建安单价	建安合计
		C20混凝土路面 宽4 m　厚15cm	清	m	670	670	246.61	165228.7
	90026	公路路面 水泥混凝土 压实...	定	1000m2	4	4	61651.31	246.61

如上图所示，混凝土路面工程量为 670 m，求清单“1 m” = “?”

清单单位为“m”，定额单位为“m^2”。

定额 90026，算出来 1 000 m^2 为 61 651.31 元，“1 m^2”为 61.65 元。

路面为 4 m 宽，故“1 m” = 4 m^2。

定额子目工程量为“4”。

清单单价“1 m” = 1 m^2 ×4 = 61 651.31 ÷ 1 000 ×4 = 61.651 31 ×4 = 246.61（元）。

（4）套用多个单位不一样的定额子目组单价。

序号	编号	名称	类别	单位	量计算式	工程量	建安单价	建安合计
⊞		加压主管 （φ400 UPVC 1....	清	m	1693.00	1693	265.84	450067.12
⊞		C20混凝土路面 宽4 m 厚15cm	清	m	670	670	248.7	166629
⊞		普通标准刚模板制作、安拆	清	m2	598.66	598.66	37.75	22599.42
⊟		大口井	清	座	23	23	3475.67	79940.41
	10387	挖掘机挖土方 土类级别Ⅰ~...	定	100m3	16.88	16.88	253.99	42.87
	10494	建筑物回填土石 机械夯实(...	定	100...	5.15	5.15	888.7	45.77
	30024	浆砌块石 护底	定	100m3	4.57	4.57	28169.09	1287.33
	30026	浆砌块石 挡土墙	定	100m3	7.45	7.45	28183.88	2099.7

如上图所示，清单项大口井，共 23 座，求“1 座” = “?”

定额子目工程为 1 座的量：1 座大口井需要：挖土方 16.88 m^3、回填土 5.15 m^3、护底 4.57 m^3、挡土墙 7.45 m^3。定额 10387，算出来 100 m^3 为 253.99 元，“1 座” = 16.88 m^3 = 253.99 ÷ 100 × 16.88 = 42.87（元）；定额 10494，算出来 100 m^3 为 888.7 元，“1 座” = 5.15 m^3 = 888.7 ÷ 100 × 5.15 = 45.77（元）；定额 30024，算出来 100 m^3 = 28 169.09 元，“1 座” = 4.57 m^3 = 28 169.09 ÷ 100 × 4.57 = 1 287.33（元）；定额 30026，算出来 100 m^3 = 28 183.88 元，“1 座” = 7.45 m^3 = 28 183.88 ÷ 100 × 7.45 = 2 099.7（元）。

清单单价“1 座” = 42.87 + 45.77 + 1 287.33 + 2 099.7 = 3 475.67（元）。

（5）综合单价，多层清单单价。

序号	单价	编号	名称	类别	单位	量计算式	工程量	建安单价	建安合计
)	☐		桥(净4m，跨10m，5孔)	清	座	4	4	847375.17	3389500.68
	☑		单座桥单价	清	座	1	1	847375.17	847375.17
⊟	☐		桥头土方开挖	清	m3		210	1.83	384.3
	☐	10562	挖掘机挖土方 I-II类土 ...	定	100M3	1	1	182.78	1.83
⊟	☐		桥头推土20 m	清	m3	279.3	279.3	2.03	566.98
	☐	10532	推土机推土(55kw)推土机...	定	100M3	1	1	202.91	2.03
⊟	☐		桥头土方填筑	清	m3		150	9.03	1354.5
	☐	30085	人工及蛙夯夯实 蛙夯夯...	定	100...	1	1	902.68	9.03
⊟	☐		普通平面模板	清	m2		411.55	33.07	13609.96
	☐	50002	普通模板 标准钢模板 板...	定	100M2	1	1	3307.25	33.07
⊟	☐		普通曲面模板	清	m2		65.94	108.15	7131.41
	☐	50004	普通模板 曲面模板	定	100M2	1	1	10814.84	108.15
⊟	☐		现浇C25钢筋砼矩形搭板	清	m3		14.18	303.5	4303.63
	☐	40104	桥板及桥面铺装 桥板	定	100M3	1	1	30350	303.5

如上图所示，清单为桥（净 4 m，跨 10 m，5 孔），工程量为 4 座，求“1 座” = “?”元

求单座单价，每一座细分为十几项细项清单，每个细项清单工程量为一座的量。

如：每座桥桥头土方开挖 210 m^3，每座桥桥头推土 20 m　279.3 m^3……算出来每一个细项清单的合计之和，就是每座桥的单价。

任务2 投标文件的编制

2.1 新建投标工程文件

在软件主界面，点击软件快捷工具中“新建”按钮，如图3-2所示。

图3-2 新建工程文件按钮

进入“新建项目”对话框（见图3-3）。

（1）输入“项目名称”。

（2）选择“使用定额”“工程性质”。

（3）选择“编制模式”。

（编制模式说明是对“编制模式”的具体说明，便于用户理解所选择的“编制模式”）

（4）“保存路径”显示所做工程文件的储存位置，如果想保存到用户想要的位置，可点击“保存路径”按钮，自行选择要保存的位置。

（5）点击“确定”即可完成工程文件的新建。

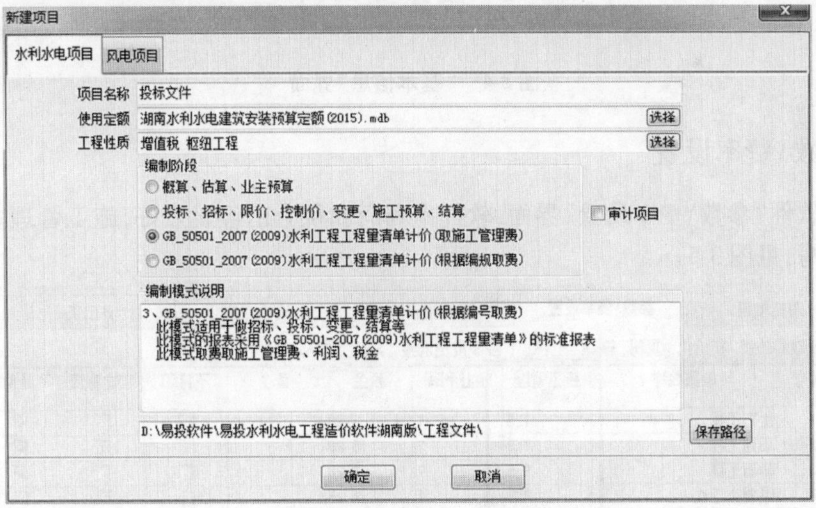

图3-3 “新建项目”对话框

2.2 设置工程基本信息数据

软件的“基本信息”界面中，用户可以对工程项目的一些基本信息数据进行设定，如“合同编号”“标段名称”“投标单位”“编制日期”等相关信息都在这个窗口设定。如图3-4所示。

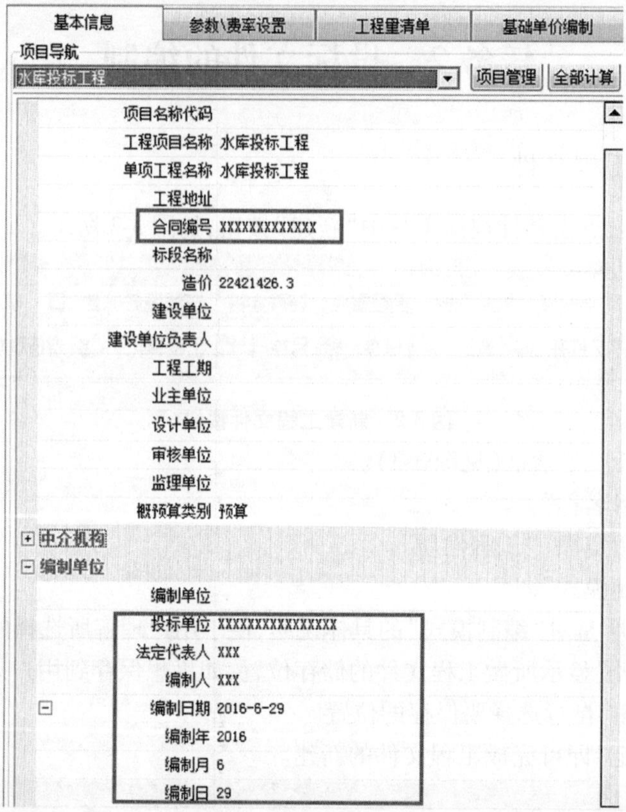

图 3-4 “基本信息”界面

2.3 参数\费率设置

点击软件“参数\费率设置”界面，软件中利润和税金已经设置好，施工管理费需要用户自行填写，见图 3-5。

编号	取费名称	施工管理费	企业利润	税金	备注	不打印	锁定取费	不计价差
1	土方工程	7.5	7	3.28		☐	☐	☑
2	石方工程	7.5	7	3.28		☐	☐	☑
3	砌石工程	7.5	7	3.28		☐	☐	☑
4	混凝土工程	7.5	7	3.28		☐	☐	☑
5	模板工程	7.5	7	3.28		☐	☐	☑
6	钢筋制安工程	7.5	7	3.28		☐	☐	☑
7	砂石备料工程	7.5	7	3.28		☐	☐	☑
8	钻孔灌浆及锚固工程	7.5	7	3.28		☐	☐	☑
9	疏浚、吹填工程	7.5	7	3.28		☐	☐	☑
10	其他工程	7.5	7	3.28		☐	☐	☑
1	安装工程	7.5	7	3.28		☐	☐	☑

图 3-5 “参数\费率设置”界面

2.4　清单项目的录入

2.4.1　导入 Excel\Word 文档数据

导入 Excel\Word 文档数据，直接完成清单项目及工程量的录入。

(1)第一种方法：导入电子版数据。

第一步：在工程量清单界面快捷工具栏点 导入 按钮，进入“从 Excel 导入”对话框。

第二步：点击左上角“打开 Excel 文件”按钮，找到需要导入的 Excel 文档打开。

第三步：点“切换 Sheet 页”可以切换到需要导入的工作表。

第四步：检查设置导入数据字段名称的对应关系。如图 3-6 所示。

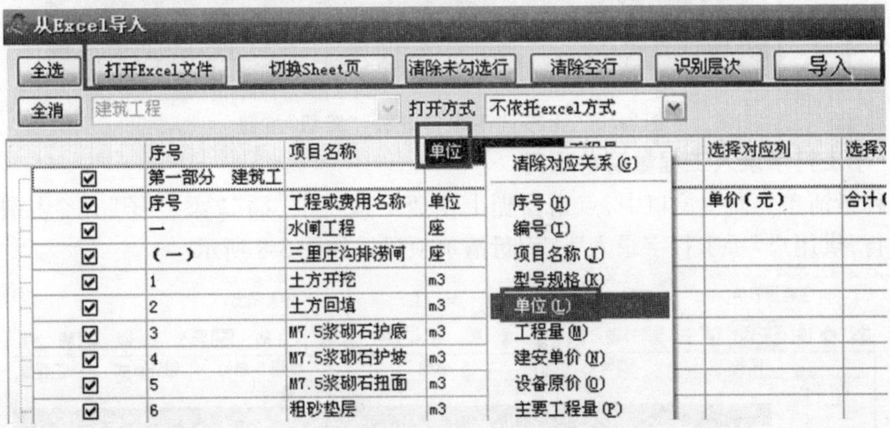

图 3-6　“从 Excel 导入”对话框

第五步：通过“清除未勾选行”“清除空行”“识别层次”这几个功能按钮对导入的数据进行编辑，最后点“导入”，即可导入到工程量清单主窗口中。

(2)第二种方法：从 Excel\Word 文档复制数据导入。

第一步：打开需要导入的 Excel 或 Word 文件。

第二步：框选需要导入的数据，点击右键选“复制”。

第三步：在工程量清单界面主窗口窗楣快捷工具栏点击 导入 按钮，进入“从 Excel 导入”对话框，直接在空白处点击右键选“粘贴”，就可以把复制的数据粘贴进来。

第四步：检查设置导入数据字段名称的对应关系，参考第一种方法的第四步。

第五步：通过“清除未勾选行”“清除空行”“识别层次”这几个功能按钮对导入的文件进行编辑，最后点“导入”，即可导入到工程量清单主窗口中。

(3)操作提示：

有的 Excel 不能“识别层次”，需要导入后在工程量清单页面通过升级、降级来实现层次的识别；在工程量清单界面工具条中有“上移”“下移”“升级”“降级”四个按钮，可以通过这四个按钮进行项目的分层，按 Shift 键可以区间多选，再根据要求对这些项目进行升级或者降级。如图 3-7 所示。

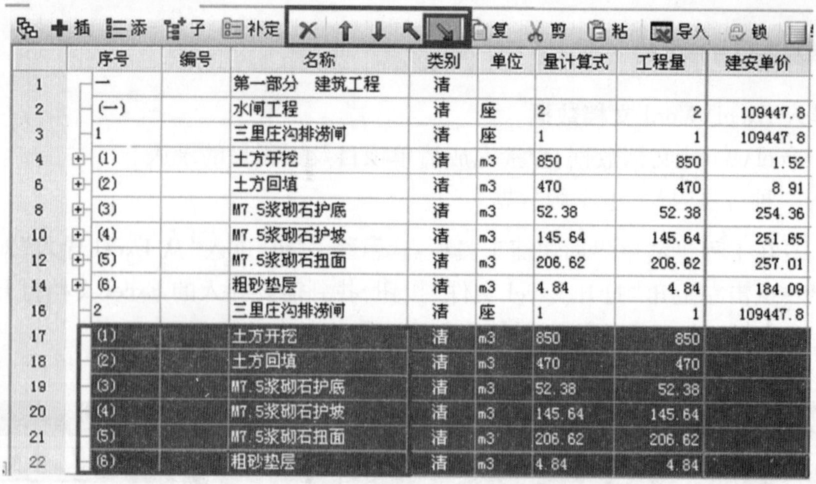

	序号	编号	名称	类别	单位	量计算式	工程量	建安单价
1	一		第一部分 建筑工程	清				
2	(一)		水闸工程	清	座	2	2	109447.8
3	1		三里庄沟排涝闸	清	座	1	1	109447.8
4	(1)		土方开挖	清	m3	850	850	1.52
6	(2)		土方回填	清	m3	470	470	8.91
8	(3)		M7.5浆砌石护底	清	m3	52.38	52.38	254.36
10	(4)		M7.5浆砌石护坡	清	m3	145.64	145.64	251.65
12	(5)		M7.5浆砌石扭面	清	m3	206.62	206.62	257.01
14	(6)		粗砂垫层	清	m3	4.84	4.84	184.09
16	2		三里庄沟排涝闸	清	座	1	1	109447.8
17	(1)		土方开挖	清	m3	850	850	
18	(2)		土方回填	清	m3	470	470	
19	(3)		M7.5浆砌石护底	清	m3	52.38	52.38	
20	(4)		M7.5浆砌石护坡	清	m3	145.64	145.64	
21	(5)		M7.5浆砌石扭面	清	m3	206.62	206.62	
22	(6)		粗砂垫层	清	m3	4.84	4.84	

图 3-7 “上移”“下移”“升级”“降级”按钮

2.4.2 手工打字录入工程量清单项目

工程量清单界面主窗口中，点击窗楣上快捷工具栏中“插”“添”“子”几个按钮可以添加空行，供用户“手工打字录入”工程量清单项目。如图 3-8 所示。

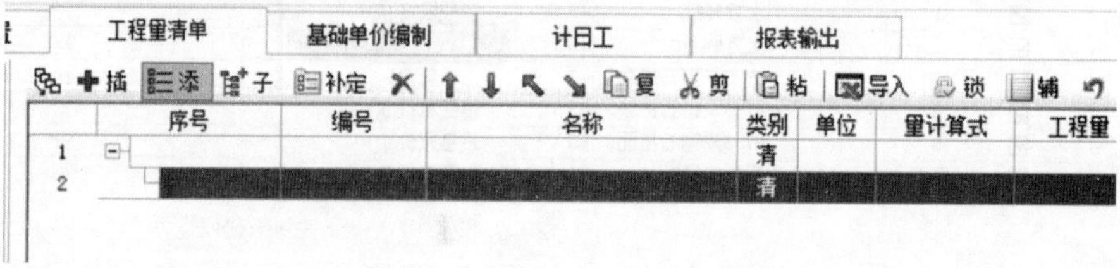

图 3-8 可以添加空行的按钮

(1)进入“工程量清单”界面，是空白页面，点“插”或者“添”都可以添加一行空白清单行，输入序号、名称、单位、工程量。如图 3-9 所示。

图 3-9 点击“插”或“添”按钮添加空行

(2)“插”是插入到选中行的前面，也就是上面，如图 3-10 所示。

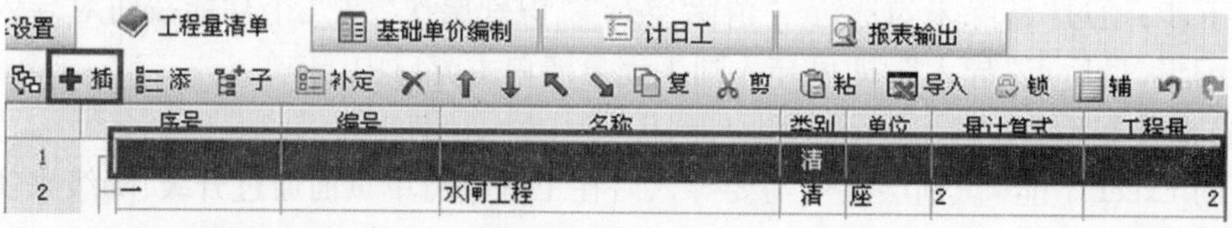

图 3-10 点击“插”添加上方空行

(3)“添”是指添加到选中行的后面，也就是下面，如图 3-11 所示。

图3-11　点击“添”添加下方空行

(4)“子”是指添加比选中行低一级的子级项目。如图3-12所示。

图3-12　点击“子”添加子级项目

如上所述,用户可以自行添加空行,手工打字录入工程量清单项目。

2.4.3　上下移动清单行位置

在工程量清单主窗口中项目行的位置可以按照要求上下移动。如图3-13、图3-14所示。

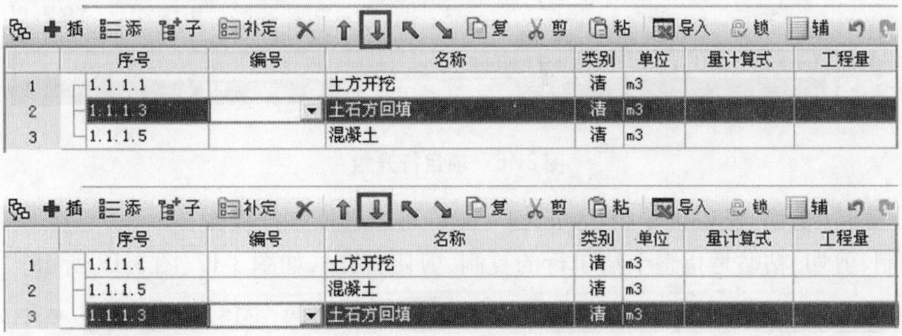

图3-13　项目行下移

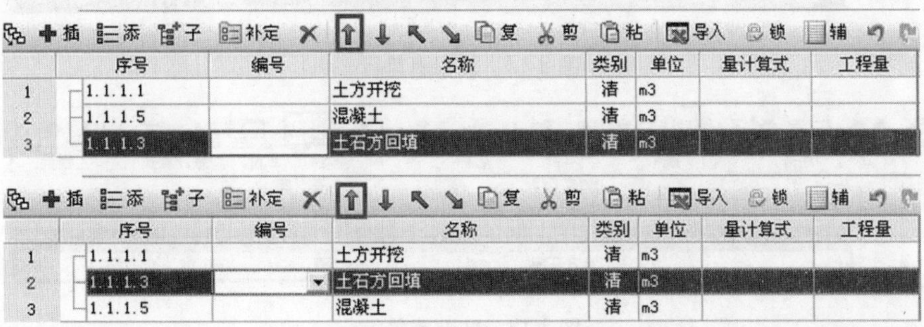

图3-14　项目行上移

2.4.4 升级降级项目行(Shift 键 + 鼠标可以选择多行操作)

项目的级别可以根据要求升级或者降级,如图 3-15、图 3-16 所示。

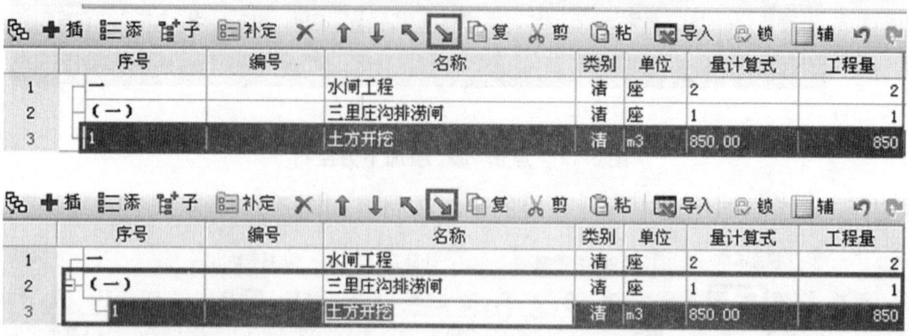

图 3-15 项目行降级

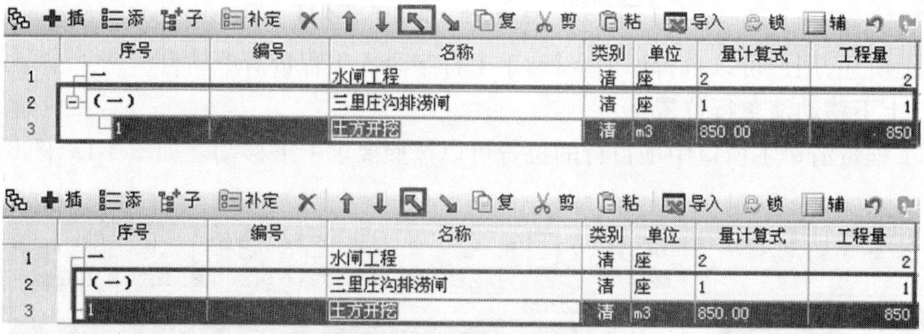

图 3-16 项目行升级

2.4.5 复制(剪切)粘贴清单行(Shift 键 + 鼠标可以选择多行操作)

复制、剪切、粘贴是指整个清单行的复制、剪切、粘贴,如图 3-17、图 3-18 所示。

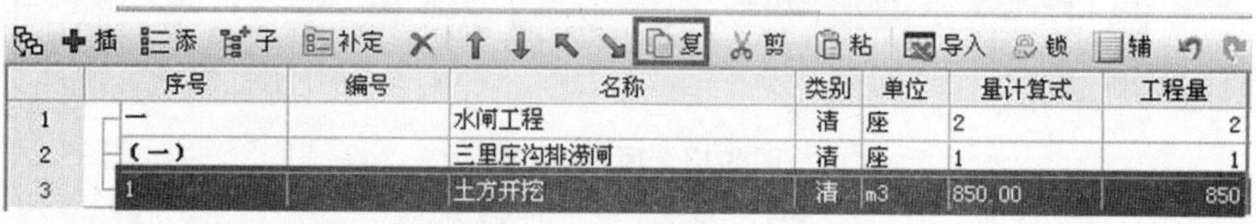

图 3-17 复制清单行

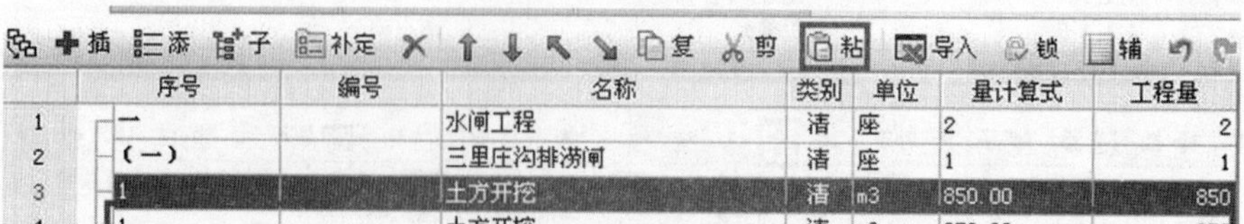

图 3-18 粘贴清单行

2.4.6 删除、批量删除清单行

“删除”是指删除所选中的清单行,按 Ctrl 键点鼠标左键可以选择性选中,按 Shift 键

点鼠标左键可以区间性选择,然后点删除键就可以实现批量删除。

2.4.7 从其他工程复制粘贴清单行

打开那个要复制粘贴的工程,到"工程量清单"界面,点"显示"按钮,选择"全部显示",按 Shift 键点鼠标左键区间性选择要复制的清单行,然后点"复制",然后到现在正在做的这个工程,到"工程量清单"界面,点"粘贴"即可把其他工程的清单行粘贴过来。

2.5 套定额组单价(或套用单价)

(1)双击定额库列表套用定额子目。

在工程量页面,打开左边框"定额"辅助窗口,展开定额节点后选择相匹配的子目,双击即可套用到"工程量清单"主窗口光标所在行下方,如图 3-19 所示。

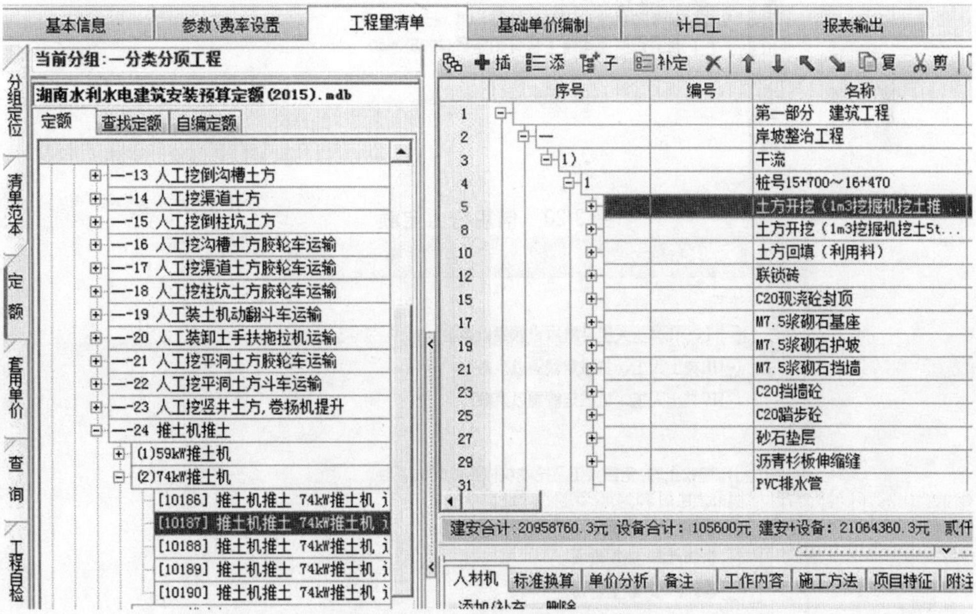

图 3-19 套用定额库列表单价

(2)在清单行的编号栏直接输入定额子目编号,回车,完成定额套用。

(3)借用其他行业定额子目组清单单价。

第一步:点击"工程量清单"界面中"定额"窗口的定额库下拉菜单,选择需要借用的行业定额,见图 3-20。

第二步:选中要套取子目清单行,选择对应的定额子目双击,选择取费名称即可。

(4)定额换算,混凝土、材料、系数换算。

①软件根据定额说明,设置默认相关换算,用户套用定额子目,只需根据提示进行设置即可,见图 3-21。

②混凝土项目需要选择相匹配的配合比及拌制运输机械,见图 3-22、图 3-23。

③换算材料、机械。

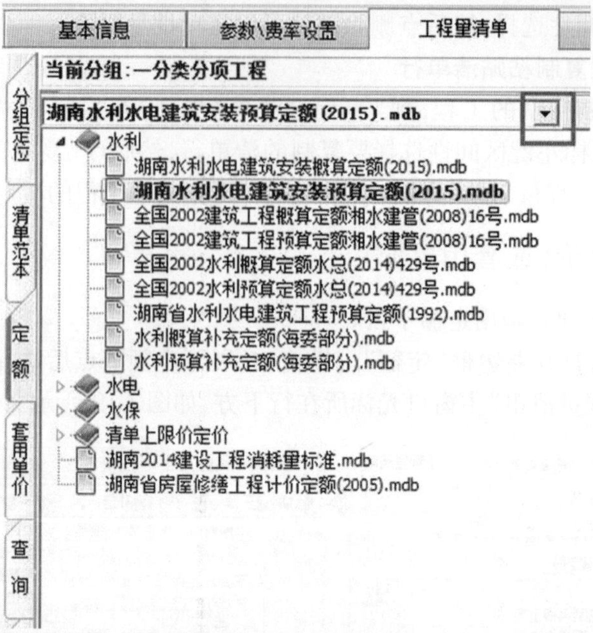

图 3-20　借用行业定额

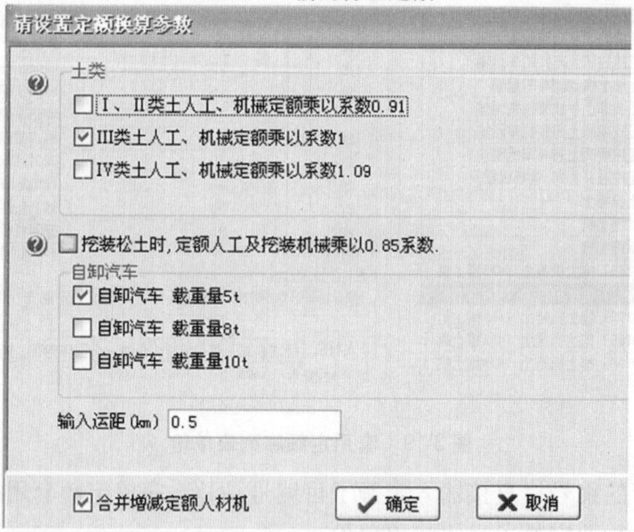

图 3-21　设置定额换算系数

选中已经套用的定额子目,在"人材机"辅助窗口,显示该定额子目的工料机组成,选择材料或机械名称栏,右端显示换算按钮,点击即可在对话框中换算材料或者机械,见图 3-24。

(5)直接输入建安单价。

有些清单项,没有合适的定额标准组价,需要询价后直接报单价,则在主窗口中清单行的"建安单价"栏位置,直接录入价格。如图 3-25 所示的标志牌。

(6)补充一个自编定额子目,完成组单价,见图 3-26。

图 3-22　选择混凝土配合比

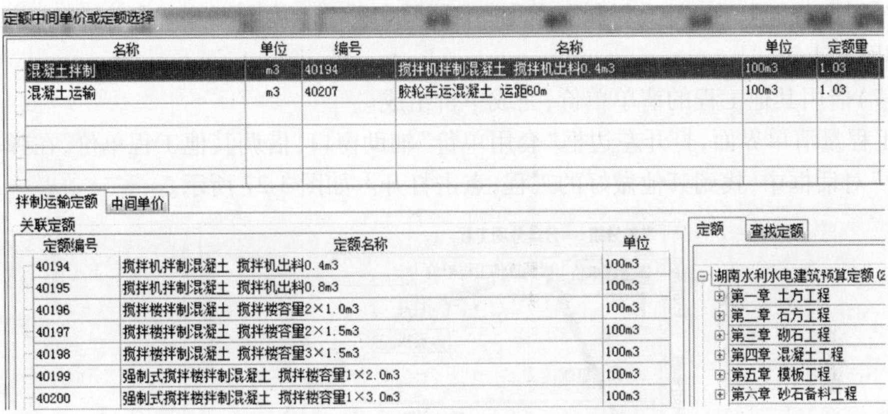

图 3-23　选择混凝土拌制和运输机械

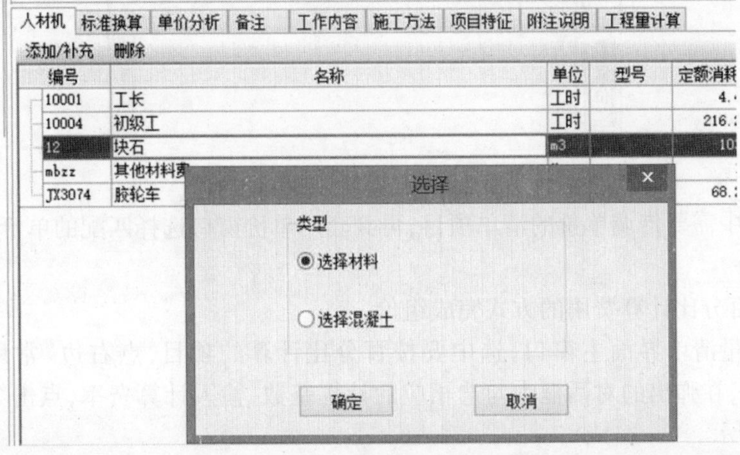

图 3-24　换算材料或机械

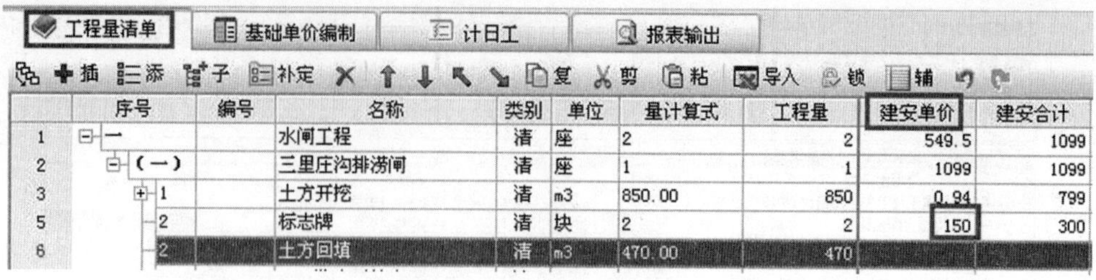

图 3-25 输入建安单价

图 3-26 补充自编定额

点击主窗口的快捷工具栏“补定”按钮，在“选择取费类别”对话框中选择“取费名称”，点“确定”，输入补充定额的编号、名称、单位、工程量；然后到下边“人材机”辅助窗口点击“添加/补充”，在“补充材料”对话框中填写名称、单位、预算价，确定后录入“自定消耗”即可。

(7)借用其他工程的清单单价，完成单价组成。

工程量清单界面，打开左边框“套用单价”辅助窗口，借调其他工程单价，在弹出来的“打开”对话框中，找到其他做好的工程，点击打开。如图 3-27 所示。

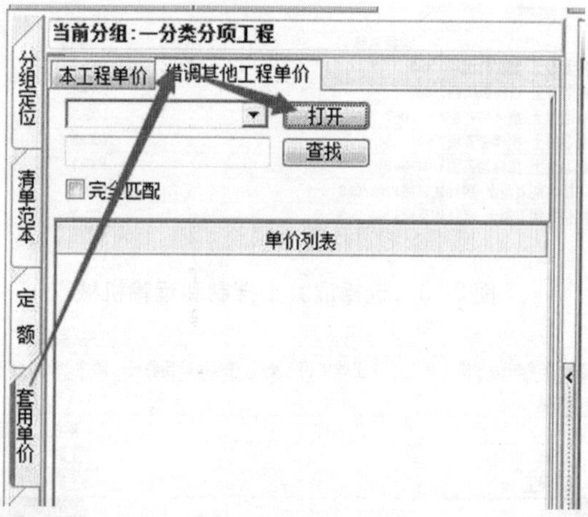

图 3-27 借调其他工程单价

然后选中需要借调单价的清单项目，再到套用单价窗口选择匹配的单价，双击即可借调成功。

(8)按百分比计算费用的方式完成组价。

在工程量清单界面主窗口，选中要按百分比计算的项目，点右边“常用功能”中的“按%计算”，在弹出的对话框中勾选相应的计算基数，输入计算费率，点击“确定”即可。如图 3-28 所示。

(9)套用单价与批量套用单价。

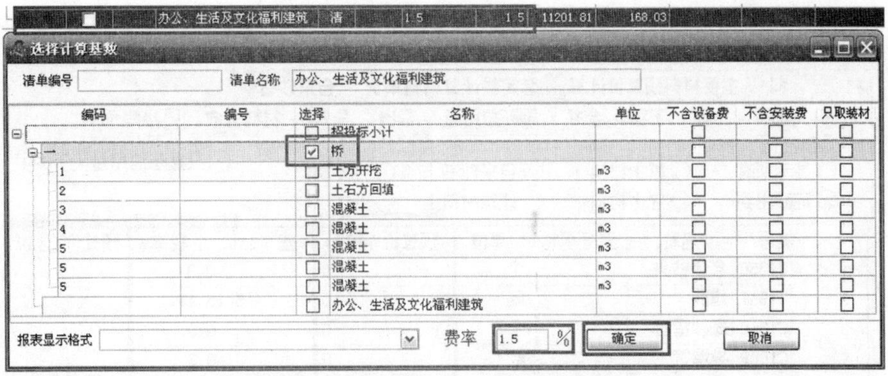

图3-28　按百分比计算费用项目设置

工程量清单界面左边框“套用单价”辅助窗口中会显示本工程组过的单价，供“工程量清单”主窗口相同的项目套用，省去重复套用定额子目组价的麻烦。

①选中“工程量清单”界面要套用单价的项目，然后到套用单价窗口，双击合适的单价，即可套用成功。

②点击“批量自动套用”按钮，可以批量自动套用单价，见图3-29。

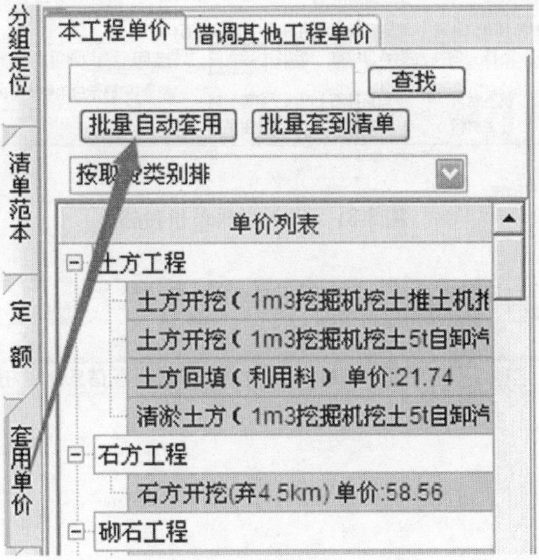

图3-29　批量自动套用单价

2.6　基础单价编制

2.6.1　直接录入材料预算价

在“基础单价编制”界面的“材料”窗口，如果是含税价，填在“预算价(含税)”列，如果是除税价，填在“预算价(除税)”列，见图3-30。

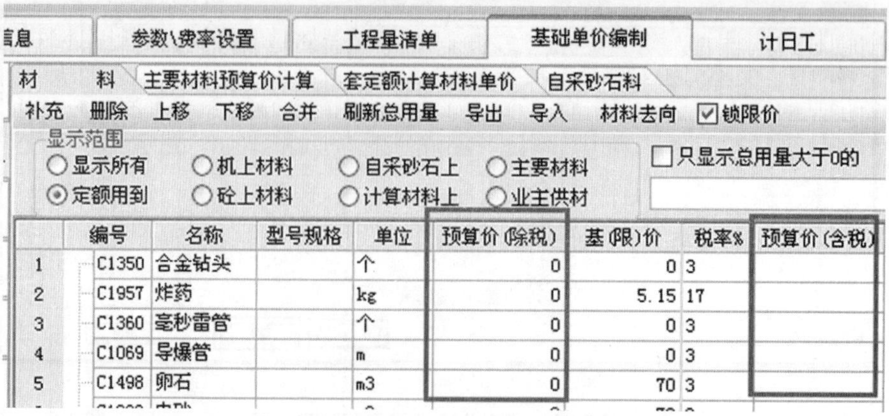

图 3-30　直接录入材料预算价格

2.6.2　导入材料单价

点击菜单栏的“导入”按钮(见图 3-31),右侧出现导入窗口(见图 3-32)。点击“打开信息价文件”,选择好信息价文件,点击打开。

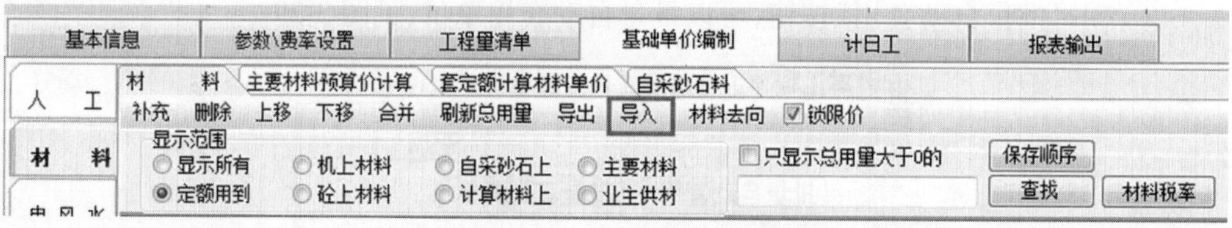

图 3-31　导入材料单价按钮

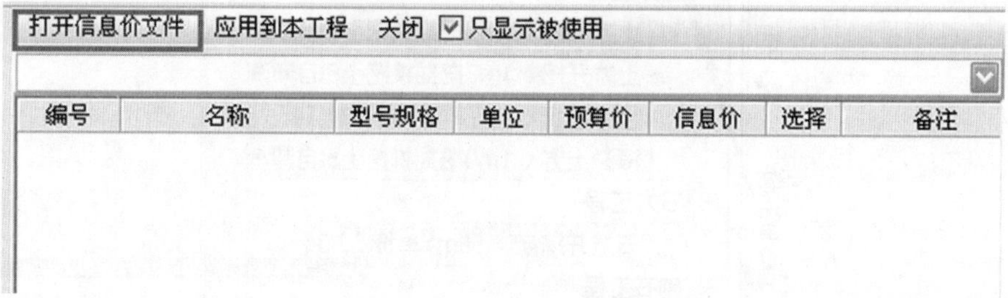

图 3-32　导入材料信息单价窗口

导入之后,“预算价”列为当前工程材料的价格,“信息价”列为导入的信息价文件里的价格(见图 3-33),如果有材料价格不想用信息价文件的价格,可以把“选择”列的“√”去掉。

点击“应用到本工程”(见图 3-34),在弹出的是否应用点击“确定”,之后再弹出选择是“含税价”还是“除税价”的窗口(见图 3-35),选择好点击“确定”即可使用导入的信息价。

图 3-33　导入后材料的预算价和信息价

图 3-34　“应用到本工程”按钮

图 3-35　“导入选择”对话框

2.6.3　通过计算生成材料预算价

根据编规，主要材料预算价应该通过计算公式计算得来，可参见项目 2 第 9 部分基础单价的编制中相关内容。

在“基础单价编制”—“材料”—“主要材料预算价计算”界面，软件已经默认做了一些主材的计算，见图 3-36。

图 3-36　主要材料预算价计算

在“基础单价编制”—“材料”—“材料”界面，右击要计算预算价的材料，选择“计算主材单价”或“关联主材单价”。

选择“计算主材单价”，软件会自动跳转到主要材料预算价计算界面。

选择“关联主材单价”（见图 3-37），会弹出选择材料的窗口，在弹出的窗口选择好主要材料（见图 3-38），同一种材料单位为 t 和 kg 也可以关联，关联时软件会自动进行倍数调整。

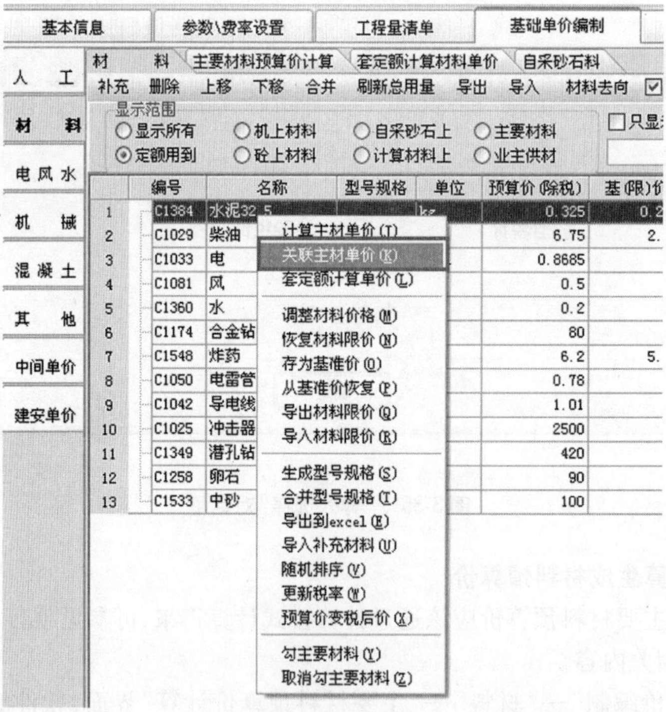

图 3-37　关联主材单价

图3-38　"选择主要材料名称"窗口

计算或关联后的材料预算价为黄色的，自动勾选了主要材料，所以材料行为粉色的，见图3-39。

图3-39　计算或关联后的材料行

2.6.4　电风水单价的计算

在"基础单价编制"界面，"电风水"窗口，主要是用于工程中要求计算风、水、电的预算价，把"直接填写"前的"√"去掉就可以自动关联到基础单价编制页面，例如电单价的计算，操作步骤如下：

第一步，添加发电机械，输入台数及发电机的额定量，如图3-40所示。

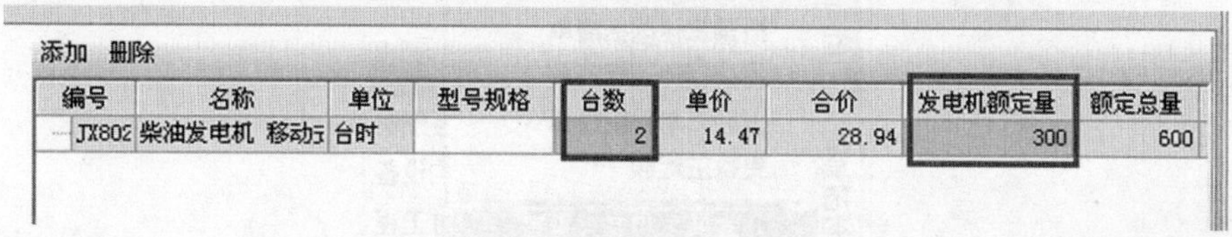

图3-40　添加发电机械

第二步，在左边的对话框里面输入基本电价、供电比例及各个百分比数，即可完成预算价的编制，如图 3-41 所示。

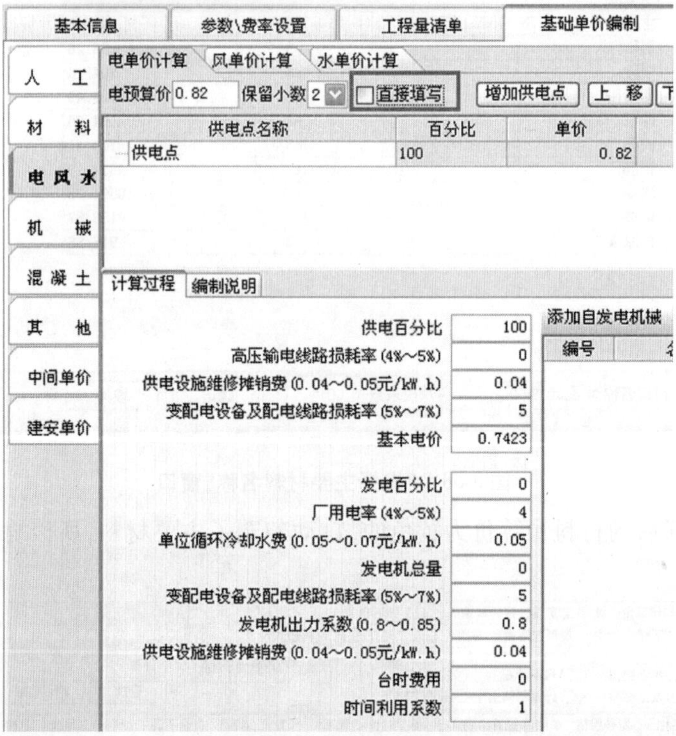

图 3-41　电单价计算

注：风、水单价的计算与电单价的计算步骤基本相似，可参照电单价计算操作。

2.6.5　套用其他工程的材料预算价

点击软件右上方的"文件"下拉菜单中"从其他工程中导入设置"（见图 3-42），在保存目录下找到需要借调的工程点打开，在出现的对话框中只勾选"材料单价"，点击"确定"即可套用，见图 3-43。

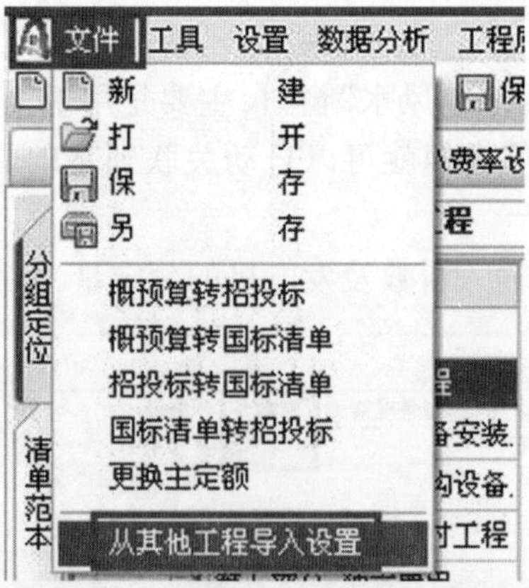

图 3-42　套用其他工程材料预算价

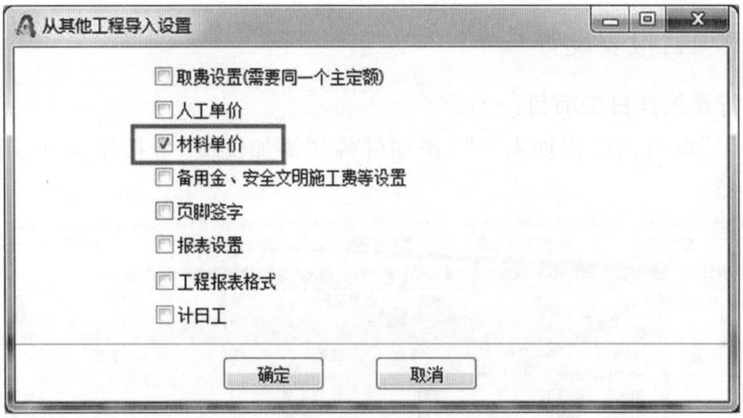

图3-43 “从其他工程导入设置”对话框

2.7 造价调整

2.7.1 修改材料预算价

(1)在“基础单价编制”界面“材料”窗口,直接修改材料预算价调整工程造价。

(2)在“材料”窗口,(按 Shift\Ctrl 键)多选材料行,右键选“调整材料价格”,可以批量调整材料预算价。

(3)若有需要,点击右键选“随机排序”,任意排列材料顺序。

2.7.2 直接修改清单项目的建安单价

在“工程量清单”界面主窗口中,直接修改清单项目建安单价,软件会自动调整定额工程量,报表关联调整人工与机械的含量,以达到调整工程造价的目的。(此功能适用于只有人工费或者机械费的清单项目,若清单项目单价包含有材料费用,建议在“标准换算”窗口系数调整建安单价。)

2.7.3 批量系数调整总造价

在“工程量清单”界面主窗口,从右边框“常用功能”工具栏选“批量系数”,在弹出的“批量调整定额人材机”对话框中,输入要调整的系数,勾选要调整的项目,点“执行调整”,点“关闭”即可,见图3-44。

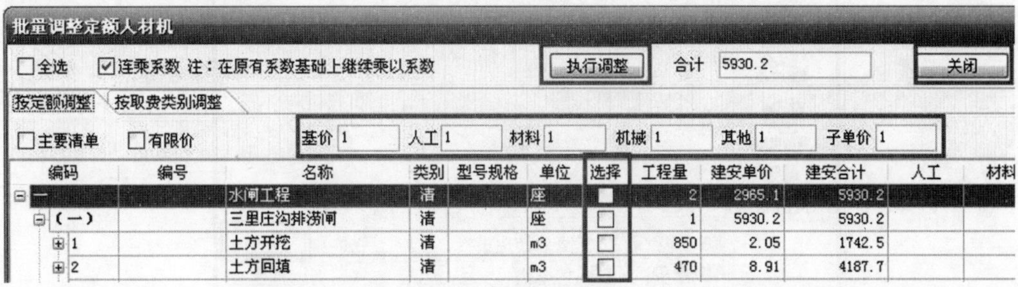

图3-44 “批量调整定额人材机”对话框

2.8 计日工项目报表设置

2.8.1 添加行录入计日工项目

在“计日工”窗口,有“添加人工”“添加材料”“添加机械”等按钮,可供用户自行添加项目,见图3-45。

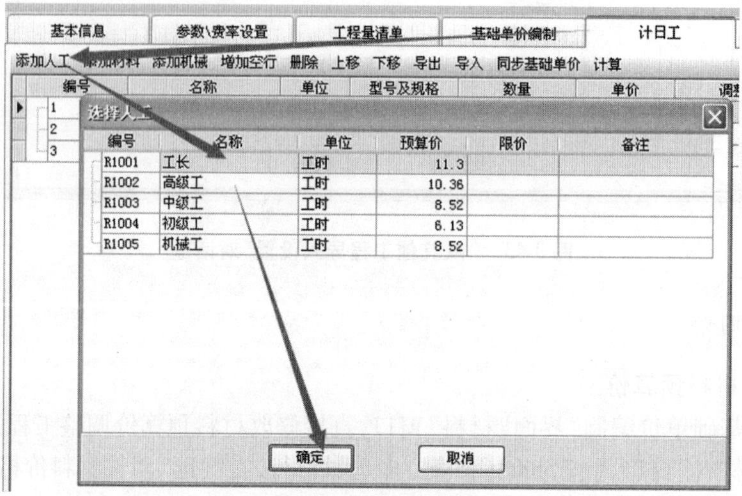

图3-45 “计日工”窗口

2.8.2 导入系统默认,修改编辑,完成计日工项目设置

在“计日工”界面点“导入”,在弹出的对话框中选中系统默认的计日工项目,点“打开”,然后修改导入的计日工的单价,即可完成,见图3-46。

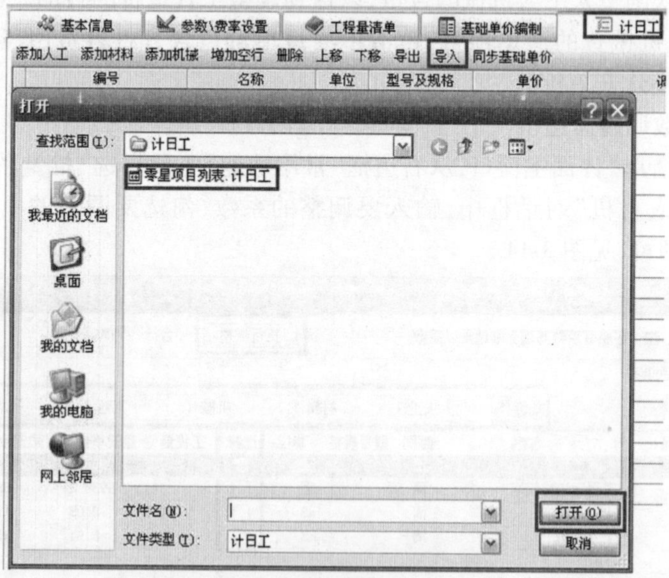

图3-46 导入、修改计日工项目

2.8.3 可以批量调整计日工项目的单价

在“计日工”界面中,在任意位置点击右键选“批量调整”选项,进入“批量调整”对话

框进行系数调整(见图3-47)。点击右键可以随机对计日工项目排列顺序。

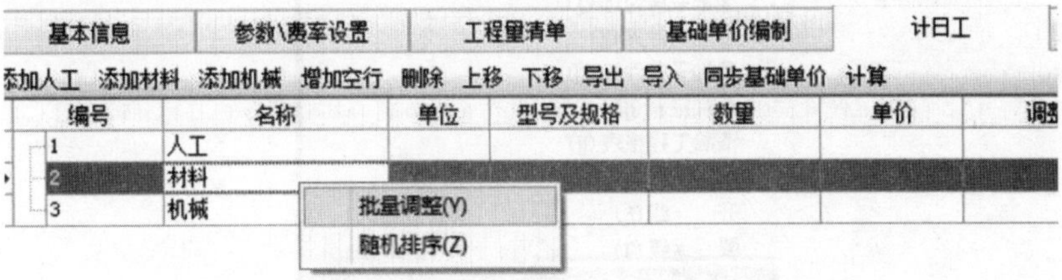

图3-47 批量调整计日工项目的单价

任务3 报表输出

3.1 工程报表的选择与调整

3.1.1 勾选系统报表,添加到工程报表

在“报表输出”界面,“系统报表”窗口选择相应的报表组,双击预览并勾选所需要的表格,点“勾选报表加到工程报表”,见图3-48。

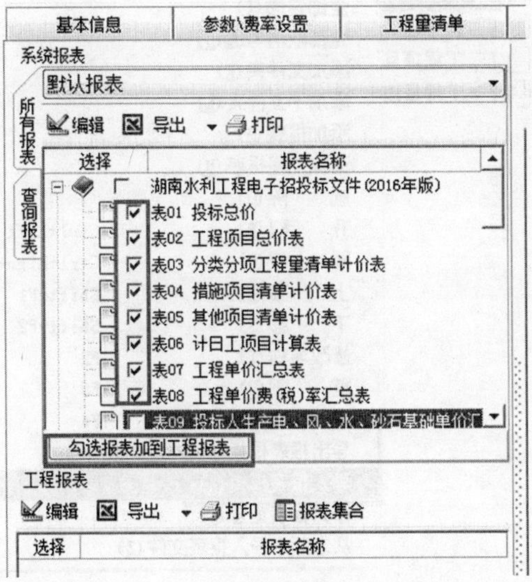

图3-48 “系统报表”窗口

3.1.2 工程报表顺序的排列

在工程报表窗口,点右键有“上移”“下移”可以排列报表的顺序,见图3-49。

3.1.3 导出、导入报表模板

在“系统报表”或者“工程报表”窗口,点右键有“导出报表模板”“导入报表模板”可以导入已有的报表格式,见图3-50。

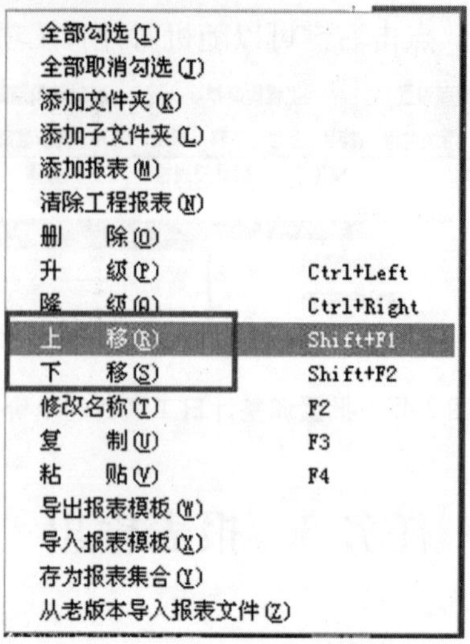

图 3-49　工程报表顺序排列

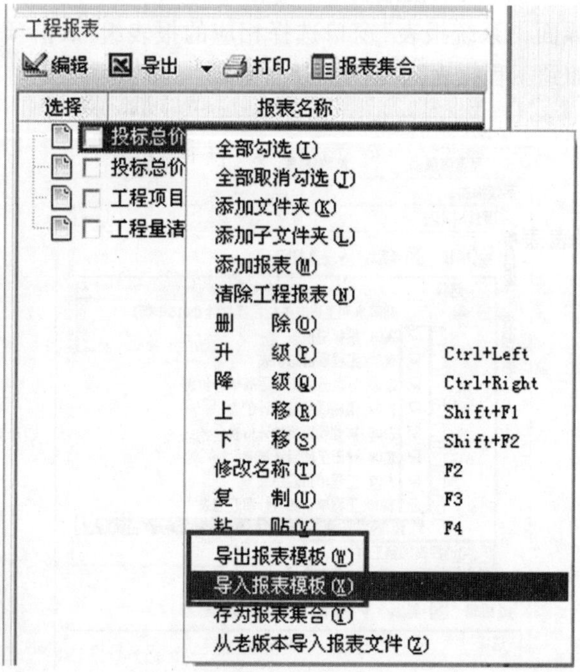

图 3-50　导出、导入报表模板

3.1.4　报表集合的报表组的保存与调用

在“工程报表”窗口上面，点击“报表集合”按钮，在弹出的对话框中选择所需的报表集合，点“确定”即可调用，见图 3-51。

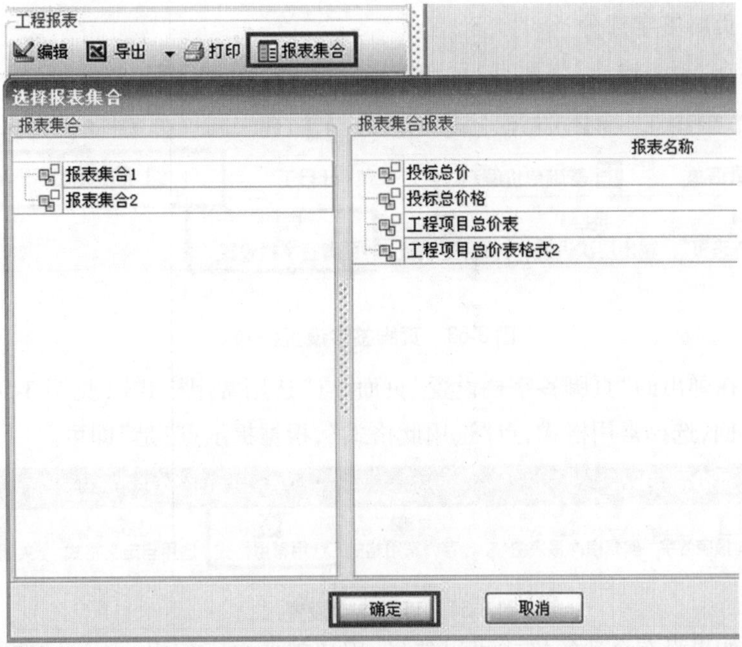

图3-51　报表保存与调用

注：调整好的工程报表组，可以点击鼠标右键，保存为报表集合，供其他工程文件调用。

3.1.5　编辑修改报表表头文字

在“报表输出”页面选中要编辑的表格，点击“编辑”按钮，进入“设计器”窗口，双击要修改的表头的名称，进入“文本编辑器”对话框，直接修改，修改之后，点击 ✓ ，然后点击保存按钮，点击关闭设计器按钮即可完成编辑，见图3-52。

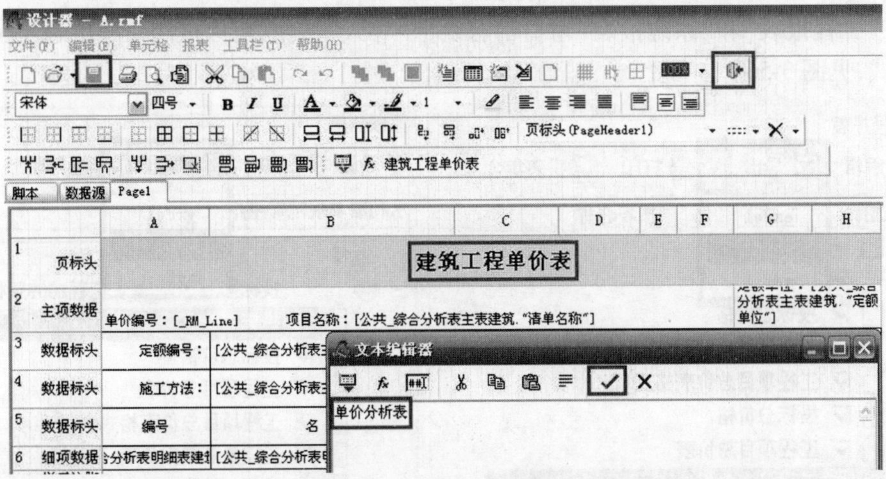

图3-52　修改报表表头文字

3.1.6 修改页脚签字部分

第一步，在“报表输出”界面点“页脚签字栏设置”，见图3-53。

图3-53 页脚签字设置(一)

第二步，在弹出的“页脚签字栏设置”页面，点“选用常用格式”(见图3-54)，在“常用签字格式”页面，选择常用格式，点“选用此格式”，根据提示点“是”即可。

图3-54 页脚签字设置(二)

第三步，如果没有合适的格式可以选择，用户就要自行编辑，点击“编辑纵向报表签字”“编辑横向报表签字”依次编辑，保存后关闭“设计器”—“签字”即可，用户可以点“存为常用格式”(见图3-55)，输入该签字的名称，点“保存”即可保存成功，以便下次直接调用。

图3-55 页脚签字设置(三)

3.2 输出报表

3.2.1 报表组导出 excel\word\pdf 格式

在“工程报表”和“系统报表”窗口都有一个“导入”按钮，可以供用户导出 excel\word\pdf 格式，见图3-56。

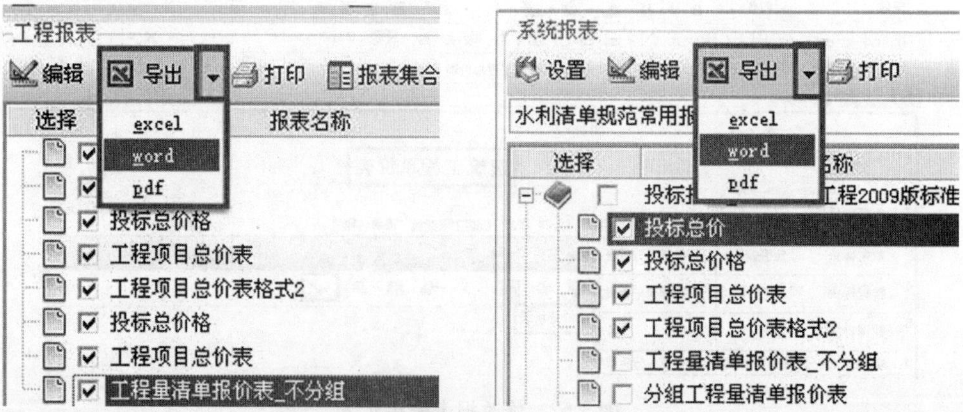

图3-56 报表组导出 excel\word\pdf 格式

3.2.2　直接打印

用户选定表格后可直接点“打印”按钮,即可打印输出,见图3-57。

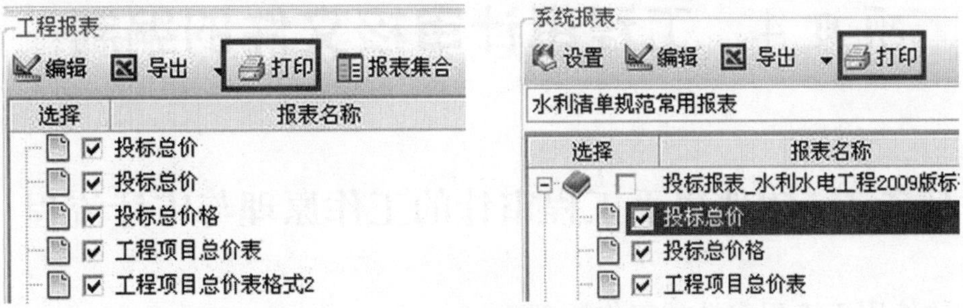

图3-57　报表组打印输出

3.2.3　输出报表到excel表格带计算公式链接

为了方便数据审核、校对,软件开发工程报表导出到excel报表带计算公式链接。

操作:

(1)点击软件主界面菜单“文件”,选择“导出到excel带链接”选项,弹出导出对话框,见图3-58。

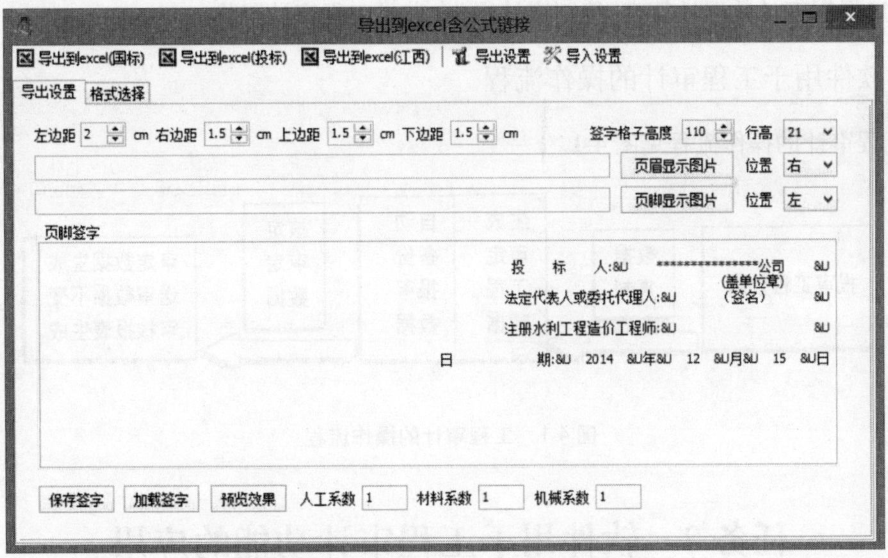

图3-58　报表导出到excel含公式链接

(2)设置页眉或页脚图片,设置页脚签字内容。

(3)设置页边距与相关信息。

(4)预览并选择格式,并修改表头名称。

(5)导出到excel(国标或者常用投标格式),并保存,完成导出。

项目 4　工程审计审核文件的编制

任务 1　软件用于工程审计的工作原理与审计流程

1.1　软件用于工程审计的工作原理

(1)接收送审工程文件相关数据,将送审工程所有数据复制生成审计工程文件,送审工程文件所有的数据自动备份在审计工程中的送审数据模块。

(2)对审计工程数据进行审计、校核,送审数据模块不变。

(3)工程文件审计工作完成,软件自动运算审定数据与送审数据差额分析,生成审计与送审数据的相关对比分析表。

(4)根据审计数据计算表,编制审计报告,完成工程审计工作。

1.2　软件用于工程审计的操作流程

工程审计的操作流程见图 4-1。

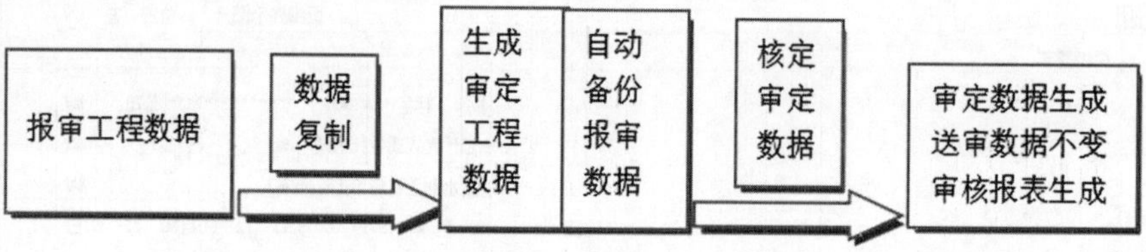

图 4-1　工程审计的操作流程

任务 2　软件用于工程审计功能的应用

2.1　报审工程数据为软件格式的审计方法

送审的工程文件为软件“＊. YGL”格式数据,可直接应用审计工程进行审核。

操作:

第一步,将送审的工程文件打开,直接点击软件主界面快捷工具栏的“转入审计”按钮,转入审计,弹出审计文件保存对话框(相当于另存),确认审定工程文件的名称与保存路径,点击保存即可(这是建立审计文件同时备份送审数据的过程)。

第二步，关闭工程，退出送审的工程文件，打开刚刚转入审计时保存的审定工程文件。这时候的审定工程文件与在其中自动备份的送审工程数据是一致的，见图4-2。

名称	类别	ᵢ..	里计算式	工程里	建安单价	建安合计	报审工程里	报审建安单价	报审建安合计
第一部分　建筑工程	清					2104131.3			2104131.3
工程建设	清					2104131.3			2104131.3
西吕村	清					2104131.3			2104131.3
新衬砌斗渠	清	km	0.25	0.25	1135553.32	283888.33	0.25	1135553.32	283888.33
土方开挖Ⅰ-Ⅱ类土	清	m^3	321.05	321.05	2.27	728.78	321.05	2.27	728.78
人工及蛙夯夯实 蛙...	清	m^3	128.42	128.42	5.5	706.31	128.42	5.5	706.31
C20砼矩形渠道现浇	清	m^3	123.48	123.48	379.62	46875.48	123.48	379.62	46875.48
伸缩缝 聚乙烯闭孔...	清	m^2	12.35	12.35	24.28	299.86	12.35	24.28	299.86
明渠衬砌模板土坡	清	m^2	864.36	864.36	40.69	35170.81	864.36	40.69	35170.81

图4-2　工程审计转换

第三步，审核校对审计工程文件的相关数据。

(1)检查与校正费率等参数设置。

(2)核对修正项目划分，项目划分多列举的(不该报的清单项目)，清除该清单项目工程量为0(不可删除该清单项目行，因为该清单项目行还有送审数据)；若项目划分少列举的(该有的没有列举)，请添加清单项目行，并录入序号、名称、单位、工程量、套单价或组单价。

(3)对修正的项目可在备注栏做详细说明。

(4)核对修正每一项建安单价的组成，定额是否套用合理；工料机是否有换算，换算是否合理。

(5)检查、修正人工、材料的预算价格。

第四步，检查、修正独立费用是否计算正确。

第五步，其他费用项目审查修改。

第六步，报表输出。输出审定数据报表与审核数据对比表，见图4-3。

建筑工程预算审计表

序号	工程或费用名称	单位	数量		单价（元）		合计（元）		调整金额元	备注
			审定数量	送审数量	审定单价	送审单价	审定合计	送审合计		
壹	第一部分　建筑工程						2088335.75	2104131.30	-15795.55	
一	工程建设						2088335.75	2104131.30	-15795.55	
(一)	西吕村						2088335.75	2104131.30	-15795.55	
1	新衬砌斗渠	km	0.25	0.25	1133940.52	1135553.32	283485.13	283888.33	-403.20	
	土方开挖Ⅰ-Ⅱ类土	m^3	200	321.05	2.27	2.27	454.00	728.78	-274.78	调整工程数量
	人工及蛙夯夯实 蛙夯夯实 Ⅰ-Ⅱ类土	m^3	128.42	128.42	4.50	5.50	577.89	706.31	-128.42	修正单价

图4-3　“建筑工程预算审计表”输出效果

第七步，根据工程审计表，编制审计报告输出。

2.2 报审数据是 excel 文档格式的审计操作方法

报审的工程数据为 excel 电子版,需要将送审的数据复制导入到软件新建的审计文件中,备份送审数据后,开始审核工作。

操作:

第一步,新建项目审计工程。见图 4-4。

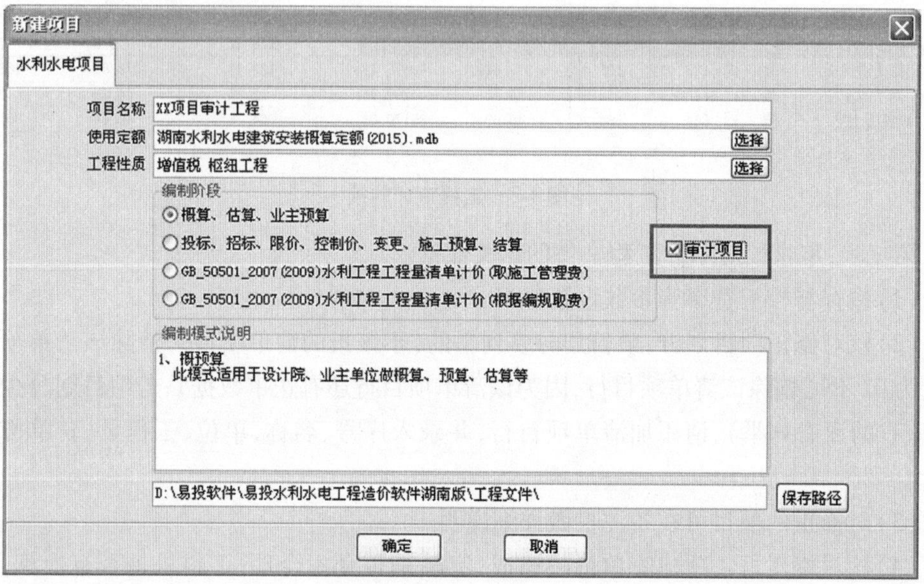

图 4-4 新建审计工程项目

第二步,将 excel 表概算表格中的工程量、单价、合价栏复制,作为送审数据备份用,见图 4-5。

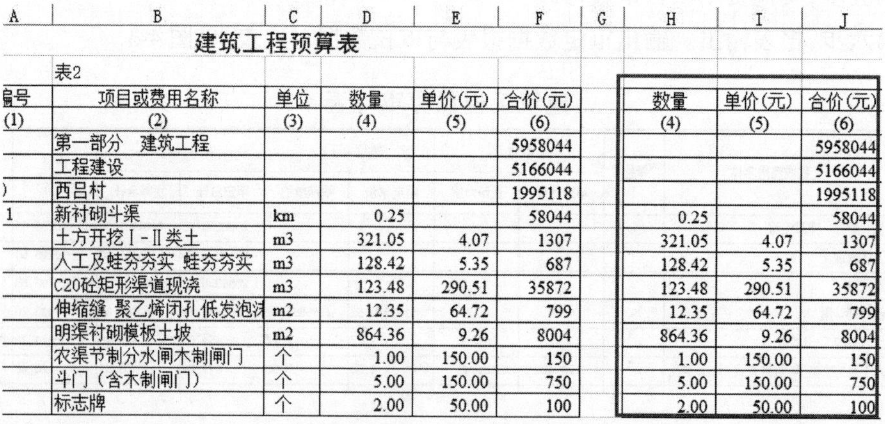

A	B	C	D	E	F	G	H	I	J
	建筑工程预算表								
	表2								
编号	项目或费用名称	单位	数量	单价(元)	合价(元)		数量	单价(元)	合价(元)
(1)	(2)	(3)	(4)	(5)	(6)		(4)	(5)	(6)
	第一部分 建筑工程				5958044				5958044
	工程建设				5166044				5166044
)	西吕村				1995118				1995118
1	新衬砌斗渠	km	0.25		58044		0.25		58044
	土方开挖Ⅰ-Ⅱ类土	m3	321.05	4.07	1307		321.05	4.07	1307
	人工及蛙夯夯实 蛙夯夯实	m3	128.42	5.35	687		128.42	5.35	687
	C20砼矩形渠道现浇	m3	123.48	290.51	35872		123.48	290.51	35872
	伸缩缝 聚乙烯闭孔低发泡沫	m2	12.35	64.72	799		12.35	64.72	799
	明渠衬砌模板土坡	m2	864.36	9.26	8004		864.36	9.26	8004
	农渠节制分水闸木制闸门	个	1.00	150.00	150		1.00	150.00	150
	斗门(含木制闸门)	个	5.00	150.00	750		5.00	150.00	750
	标志牌	个	2.00	50.00	100		2.00	50.00	100

图 4-5 新建审计工程项目内容

第三步,将处理好的 excel 文档数据导入到软件新建的审计工程文件中,见图 4-6。

序号	项目名称	单位	工程量	建安单价	选择...	选择...	报审工程量	报审建安单价	报审建安合计
壹	第一部分　建筑工				5958044				5958044
一	工程建设				5166044				5166044
(一)	西吕村				1995118				1995118
1	新衬砌斗渠	km	0.25		58044		0.25		58044
	土方开挖Ⅰ-Ⅱ类:	m^3	321.05	4.07	1307		321.05	4.07	1307
	人工及蛙夯夯实 蚰	m^3	128.42	5.35	687		128.42	5.35	687
	C20砼矩形渠道现浇	m^3	123.48	290.51	35872		123.48	290.51	35872
	伸缩缝 聚乙烯闭孑	m^2	12.35	64.72	799		12.35	64.72	799
	明渠衬砌模板土坡	m^2	864.36	9.26	8004		864.36	9.26	8004
	农渠节制分水闸木	个	1.00	150.00	150		1.00	150.00	150
	斗门（含木制闸门	个	5.00	150.00	750		5.00	150.00	750
	标志牌	个	2.00	50.00	100		2.00	50.00	100
	含税材差	材差	10374.56	1.00	10375		10374.56	1.00	10375
2	拆除重新衬砌斗渠	km	3.68		983980		3.68		983980
	土方开挖Ⅰ-Ⅱ类:	m^3	2877.75	4.07	11712		2877.75	4.07	11712
	人工及蛙夯夯实 蚰	m^3	1921.83	5.35	10282		1921.83	5.35	10282
	原砼渠道拆除	m^3	795.25	55.67	44272		795.25	55.67	44272

图4-6　新建审计工程项目操作

第四步，检查、修正费率参数设置。

第五步，在工程量清单中检查项目划分是否正确。多列项则修改工程量为0，少列项则需要添加项。

第六步，编制建安单价、基础单价进行组价。

第七步，检查修改独立费用。

第八步，检查修改其他项目费用。

第九步，输出审定报表与审核对比表。

第十步，根据工程审计表，编制工程审计报告。

参考文献

[1] 水利部.水利工程设计概(估)算编制规定[M].北京:中国水利水电出版社,2014.
[2] 水利部.水利工程营业税改征增值税计价依据调整办法(办水总〔2016〕132号).2016.
[3] 水利部.水利建筑工程概预算定额[M].郑州:黄河水利出版社,2002.
[4] 水利部.水利水电设备安装工程概预算定额[M].郑州:黄河水利出版社,1999.
[5] 水利部.水利工程施工机械台时定额[M].郑州:黄河水利出版社,2002.
[6] 水利部.水利工程概预算补充定额[M].郑州:黄河水利出版社,2005.
[7] 湖南省水利厅.湖南省水利水电工程设计概(估)算编制规定[M].北京:中国环境出版社,2015.
[8] 湖南省水利厅.湖南省水利水电工程营业税改征增值税计价依据调整办法(试行)(湘水建管〔2016〕62号).2016.
[9] 湖南省水利厅.湖南省水利水电建筑工程概预算定额[M].北京:中国环境出版社,2015.
[10] 湖南省水利厅.湖南省水利水电设备安装工程概预算定额[M].北京:中国环境出版社,2015.
[11] 湖南省水利厅.湖南省水利水电工程施工机械台时费定额[M].北京:中国环境出版社,2015.
[12] 蒋买勇,周召梅.水利工程概预算[M].郑州:黄河水利出版社,2016.
[13] 高利琴,高琴月.水利水电工程造价软件操作[M].北京:中国水利水电出版社,2015.
[14] 中国水利工程协会.水利水电工程造价与计价控制[M].北京:中国水利水电出版社,2012.